Mechanismen und Kinetik der Mechanisch/Thermischen Entwässerung von Braunkohle

Zur Erlangung des akademischen Grades eines
Doktor-Ingenieurs

vom Fachbereich Chemietechnik
der Universität Dortmund
genehmigte Dissertation

vorgelegt von
Dipl.-Ing. Christian Bergins
aus
Recklinghausen

Tag der mündlichen Prüfung: 13. Dezember 2000

1. Gutachter	Prof. Dr.-Ing. K. Strauß
2. Gutachter	Prof. Dr. techn. P. Walzel

Dortmund 2000

Berichte aus der Verfahrenstechnik

Christian Bergins

Mechanismen und Kinetik der Mechanisch/Thermischen Entwässerung von Braunkohle

D 290 (Diss. Universität Dortmund)

Shaker Verlag
Aachen 2001

Die Deutsche Bibliothek - CIP-Einheitsaufnahme

Bergins, Christian:
Mechanismen und Kinetik der Mechanisch/Thermischen Entwässerung von Braunkohle / Christian Bergins.
Aachen : Shaker, 2001
(Berichte aus der Verfahrenstechnik)
Zugl.: Dortmund, Univ., Diss., 2000
ISBN 3-8265-8509-7

Printed in Germany.

ISBN 3-8265-8509-7
ISSN 0945-1021

Shaker Verlag GmbH • Postfach 1290 • 52013 Aachen
Telefon: 02407 / 95 96 - 0 • Telefax: 02407 / 95 96 - 9
Internet: www.shaker.de • eMail: info@shaker.de

Zusammenfassung

Die Mechanisch/Thermische Entwässerung (MTE) ist ein neues Verfahren zur energetisch effizienten Reduzierung des Wassergehaltes feuchter Brennstoffe. Nach der Entwicklung der Verfahrenstechnik und Umsetzung des Verfahrens für die Braunkohleentwässerung im Kraftwerksbereich erfordert die weitere Optimierung sowie die Übertragung des Prozesses auf Braunkohlen fremder Provenienz und andere feuchte Brennstoffe eine genauere Analyse und Beschreibung der auftretenden Mechanismen und Kinetiken.

Gegenstand der Untersuchungen ist deshalb das temperatur-, druck- und zeitabhängige Konsolidierungsverhalten rheinischer Braunkohle. Im Rahmen bodenmechanischer Untersuchungen wird gezeigt, daß über die Beschleunigung des Konsolidierungsvorganges durch die Erhöhung von Prozeßtemperatur oder Verdichtungsdruck hinaus Temperatursteigerungen auch die Mobilisierung zusätzlicher Wasseranteile bewirken. Mit Beginn der Thermischen Entwässerung sowie beim Überschreiten des Vorkonsolidierungsdruckes führt die Reduzierung des Wassergehaltes wieder zu einer Verlangsamung der Entwässerung durch die Verringerung freier Strömungsquerschnitte und die Erhöhung des Feststoffwiderstandes. Dieser limitiert zusammen mit den erhöhten Bindungskräften des adsorbierten Wassers, wie auch die Untersuchung der Kohleschrumpfung zeigt, bei etwa 18 Gew.-% Wassergehalt die weitere Volumenreduzierung.

Die Ergebnisse ermöglichen die Beschreibung des zeitabhängigen Konsolidierungsverlaufes in einem weiten Temperatur- und Verdichtungsdruckbereich mittels eines mathematisch/physikalischen Modells. Die Verdichtungsgeschwindigkeit kann im technischen Maßstab als schichthöhenunabhängig betrachtet werden. Bei vergleichsweise hohen Permeabilitäten der Makrostruktur in den untersuchten aufgemahlenen Schüttungen dominiert das schichthöhenunabhängige Feststoffkriechen während der zweiten Konsolidierungsphase die Kinetik der Verdichtung.

Die physikalischen und chemischen Änderungen der Haufwerksstruktur und des Feststoffes bei hohen Temperaturen beeinflussen auch die Aufheizung von Braunkohle mittels Sattdampf im Verlaufe des MTE-Verfahrens maßgeblich. Deshalb wird im weiteren auch der Prozeß der Aufheizung detaillierter untersucht.

Aufbauend auf experimentellen Ergebnissen wird ein analytisches Modell zur Beschreibung der Aufheizung entwickelt, welches alle an der Durchströmung beteiligten Phasen sowie die Kompressibilität der Dampfphase, Trägheitseffekte bei hohen Durchströmungsgeschwindigkeiten und die Querschnittsversperrung durch immobiles Kondensat berücksichtigt. Trotz der Vereinfachungen, die eine analytische Lösung der Erhaltungsgleichungen ermöglichen, ist damit allen die Kinetik bestimmenden Effekten Rechnung getragen. Dieses Modell wird schließlich anhand von Messungen überprüft und führt sowohl bezüglich der Temperatur- und Druckverläufe als auch der zeitabhängigen Eindringtiefe der Kondensationsfront zu einer sehr guten Beschreibung des Vorganges. Aufgrund der komplizierten, insbesondere dampfdruck- und temperaturabhängigen Änderungen der Schüttungsstruktur bei Braunkohle und der dadurch hervorgerufenen, teilweise gegensätzlichen Einflüsse auf die Kinetik der Aufheizung, werden hierzu Porositäten, Wassergehalte sowie Permeabilitäten und Passabilitäten in Abhängigkeit des Strömungsmediums, der Temperatur, des Dampfdruckes und der Vorverdichtung experimentell bestimmt.

Das für die Aufheizung der Schüttung entwickelte Modell kann darüber hinaus auch bei anderen verfahrenstechnischen Prozessen wie der Dampf- und Luftdruckentwässerung sowie der Bodenreinigung durch Soil-Vapour-Extraction (SVE) effektiv zur Beschreibung der Kinetik eingesetzt werden.

Die vorliegende Arbeit entstand während meiner Tätigkeit als wissenschaftlicher Angestellter am Lehrstuhl Energieprozeßtechnik und Strömungsmechanik des Fachbereichs Chemietechnik der Universität Dortmund.

Bei dieser Gelegenheit danke ich all denen, die auf die eine oder andere Weise zum Gelingen dieser Arbeit beigetragen haben.

Mein besonderer Dank gilt Herrn Prof. Dr.-Ing. Karl Strauß für seine Unterstützung und Betreuung meiner Arbeit sowie Herrn Prof. Dr. techn. Peter Walzel für die Übernahme des Korreferates.

Für ihre Mitwirkung an der Prüfung möchte ich mich bei Herrn Prof. Dr. Uwe Köster als Vorsitzendem der Prüfungskommission sowie Prof. Dr.-Ing. Eckart Weiß bedanken.

Nicht unerwähnt bleiben sollen an dieser Stelle meine Kolleginnen und Kollegen am Lehrstuhl und im Fachbereich, deren Unterstützung mir durch ihre Anregungen und stete Diskussionsbereitschaft zuteil wurde.

Der Maschinenfabrik J. Dieffenbacher GmbH & Co., der Rheinbraun AG sowie RWE Energie danke ich für die Bereitstellung von Braunkohleproben, die Durchführung von Kohleanalysen sowie für die Hilfestellung bei der Fertigung der experimentellen Einrichtungen.

Der Dank bezüglich der Unterstützung bei der Erstellung der Versuchsaufbauten, ohne die diese Arbeit nicht möglich gewesen wäre, gilt dabei vor allem auch den Mitarbeitern der gemeinsamen Einrichtungen sowie den technischen Mitarbeitern des Lehrstuhls.

Nur in dieser Abfolge an letzter Stelle gebührt mein besonderer Dank den Studenten, die mich durch ihre engagierte experimentelle Arbeit unterstützt haben.

Inhaltsverzeichnis

1 Einleitung

Bei einem weltweit steigenden Energiebedarf eröffnet die Forderung nach umweltfreundlicheren Methoden der Energieumwandlung neue Chancen für innovative Verfahren zur effizienteren Nutzung fossiler Brennstoffe. Obwohl Braunkohlen weltweit zu den günstigsten Energieträgern gehören, ist das Potential zur Wirkungsgradsteigerung bei der Stromerzeugung bei weitem nicht ausgeschöpft. Zwar ermöglichen optimierte Anlagentechniken heute Kraftwerkswirkungsgrade von bis zu 45 Prozent, durch die Verdampfung des im Brennstoff Braunkohle enthaltenen Wassers werden jedoch immer noch 10 bis 20 Prozent der chemischen Brennstoffenergie ungenutzt an die Umgebung abgegeben.

Neue Verfahren zur Reduzierung des Wassergehaltes vor der Verbrennung müssen neben einem geringen Eigenenergieverbrauch auch eine robuste und kostengünstige Anlagentechnologie beinhalten, die sowohl dem Anspruch einer problemlosen Integration des Prozesses in den Kraftwerksbetrieb als auch der Forderung nach einer kostenneutralen Einbindung mit Blick auf die Strompreise Genüge leistet.

Ein zu diesem Zweck an der Universität Dortmund entwickeltes Verfahren ist die Mechanisch/Thermische Entwässerung (MTE) [Str94, SBB+96]. Bei diesem Verfahren wird die Braunkohle bei erhöhten Temperaturen durch mechanische Kräfte entwässert. Während des in Abbildung 1.1 schematisch dargestellten Prozeßablaufes wird die Schüttung zunächst durch heißes Prozeßwasser und nachfolgend kondensierenden Sattdampf vorgewärmt und anschließend mechanisch verdichtet. Erst die Aufheizung mittels Heißwasser und Dampf ermöglicht durch die gute Wärmeübertragung bei direktem Wärmeübergang die Behandlung der hohen im Kraftwerksbereich erforderlichen Massenströme. Durch die kombinierte Anwendung eines thermischen und eines mechanischen Prozeßschrittes sind selbst bei moderaten Preßdrücken hohe Entwässerungsgrade möglich.

Nach der Entwicklung der Verfahrenstechnik [BBS98a] und Umsetzung des Verfahrens im Pilot- und Demonstrationsmaßstab [BBS+99a, SB99] erfordert die weitere Optimierung des Prozesses und die Übertragung auf Braunkohlen fremder Provenienz sowie andere feuchte Brennstoffe eine genauere Analyse und Beschreibung der auftretenden Mechanismen und Kinetiken.

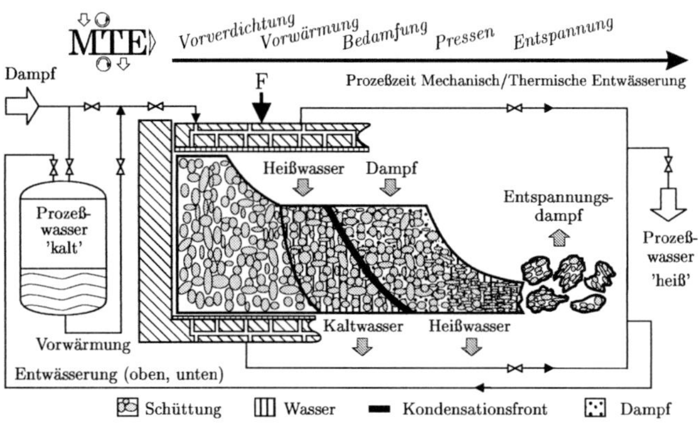

Abbildung 1.1: Prozeßablauf bei der Mechanisch/Thermischen Entwässerung von Feststoffen [BBS+98b]

Als ein wichtiges Ziel dieser Arbeit ist deshalb die druck-, temperatur- und zeitabhängige Beschreibung des Konsolidierungsvorganges zu nennen. Die dargestellten Untersuchungen sollen darüber hinaus der quantitativen Beschreibung der mechanischen Eigenschaften von Braunkohle bei erhöhten Temperaturen dienen und zum besseren Verständnis der Vorgänge während der Wasserentfernung aus dem kolloidalen Feststoff/Wasser System der Braunkohle beitragen, wodurch eine Übertragung der Ergebnisse auf andere Stoffgruppen erst ermöglicht wird.

Beim MTE-Verfahren können die von der Untersuchung geologischer Systeme bekannten Modelle nicht angewendet werden, da temperaturabhängige physikalische und chemische Änderungen der Braunkohlestruktur die Schüttungseigenschaften beeinflussen und bei der Aufheizung des Haufwerkes mittels Dampf sehr hohe Strömungsgeschwindigkeiten auftreten. Bei der Untersuchung z. B. der tertiären Erdölförderung (*steamflooding*) [But91] oder unterirdischer Atomversuche [Mor73] werden niedrigporöse Systeme mit geringen Durchlässigkeiten eingesetzt, wohingegen die bei der Mechanisch/Thermischen Entwässerung verwendeten Schüttungen grobkörnig sind und hohe Permeabilitäten aufweisen. Aus diesem Grund sollen im folgenden auch die Grundlagen für eine dem temperatur- und druckabhängigen Verhalten von Braunkohle angepaßte Beschreibung der Aufheizung geschaffen werden. Im Rahmen der Verfahrensentwicklung durchgeführte numerische Berechnungen für ein idealisiertes Glaskugelhaufwerk ([BC00], vgl. Kap. 2.3.3) erlauben zwar eine grundsätzliche, qualitative Beschreibung der Aufheizung, eine detailliertere Analyse der Kinetik bei einem realen Schüttgut wie Braunkohle erfordert jedoch neben der Erfassung der spezifischen Haufwerkseigenschaften auch die experimentelle Verifizierung der Modellvorstellung.

Eine genauere Beschreibung der Aufheizung und Durchströmung poröser Systeme mit Dampf ist dabei auch von allgemeiner verfahrenstechnischer Bedeutung, da nach frühen Untersuchungen der Dampfdruckentwässerung von Kohleschlämmen durch BURTON [Bur62] neben technologischen Verbesserungen dieses Verfahrens [Gerl99] auch der Wärmeaustausch in Latentwärmespeichern [SV90] und die Bodensanierung durch die *soil-vapour-extraction* (SVE) sehr aktuelle Anwendungsgebiete darstellen.

2 Stand der Forschung

2.1 Braunkohle

Zersetzt sich pflanzliche Substanz unter Luftabschluß, so entstehen durch bio- und geochemische Reaktionen unter Einwirkung von Druck, Temperatur und Zeit Umwandlungsprodukte, die als Kohle bezeichnet werden. Aus der Zellulose und dem Lignin des Holzes werden bei der Inkohlung unter Abgabe von Wasser, Kohlendioxid und Methan komplexe makromolekulare Strukturen gebildet. Der Inkohlungsprozeß verläuft dabei ausgehend von Holz über Torf, Braunkohle und Steinkohle bis zum Anthrazit. Mit fortschreitender Umwandlung steigt der Kohlenstoffanteil und damit auch der Heizwert an.

Die Braunkohle als Zwischenprodukt in dieser Entwicklungsreihe ist weder chemisch noch morphologisch homogen. Ursache dafür ist eine ungleichmäßige Zersetzung der biologischen Ausgangsmaterialien des Inkohlungsprozesses. Braunkohlen besitzen ein hohes Porenvolumen, welches im Rohzustand vollständig mit Wasser gefüllt ist. Die Sättigungswassergehalte variieren je nach Provenienz zwischen 15 und 60 Gewichtsprozent. Neben dem unterschiedlichen Alter der Vorkommen führt auch die Verschiedenartigkeit der Lagerstätten zu einer breiten Palette von Braunkohlequalitäten. Je nach Abbauort schwankt neben dem Wassergehalt insbesondere auch der Aschegehalt der Kohle. Allerdings zeigen Untersuchungen, daß trotz dieser Unterschiede auf mikroskopischer und submikroskopischer Ebene strukturelle Ähnlichkeiten bestehen [FLW87, WSR91].

2.1.1 Struktur

Für die technologischen Eigenschaften von Braunkohle sind neben der chemischen Zusammensetzung auch die Mikro- und Makrostrukturen sowie der Charakter der Wasserbindung von großer Bedeutung. Dabei ergibt sich generell das Problem, daß Kohle eine unzureichend definierte Substanz ist. Nach dem derzeitigen Stand des Wissens bestehen die Braunkohlen aus einem komplizierten System kondensierter Aromatenringe mit verschiedenen, speziell sauerstoffhaltigen, funktionellen Gruppen. Aufgrund der Komplexität der vermuteten Hauptbestandteile Lignin und Huminsäure sowie der Variationsmöglichkeiten im Vorkommen der Substanzen sind nur statistische Aussagen über die chemische Struktur möglich.

Aus analytischen Untersuchungen (Elementaranalysen, Bestimmung funktioneller Gruppen, Analyse von Pyrolyseprodukten) sowie Literaturdaten über das Verhältnis von aromatisch und aliphatisch gebundenem Kohlenstoff bestimmten HÜTTINGER und MICHENFELDER [HM87] das in Abbildung 2.1 dargestellte Strukturmodell rheinischer Braunkohle.

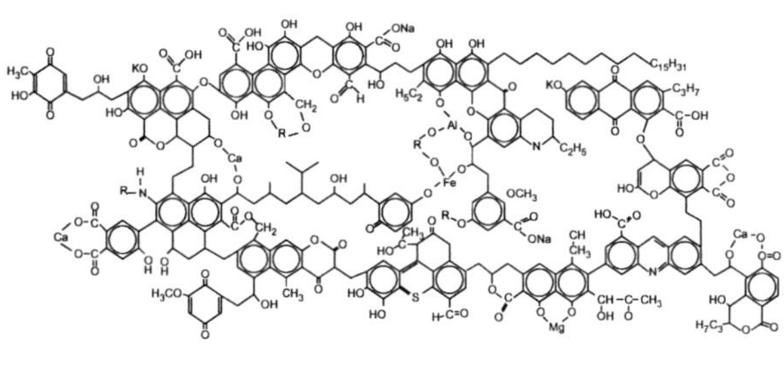

Abbildung 2.1: Strukturmodell für rheinische Braunkohle $C_{270}H_{240}N_3S_1O_{90}$ [HM87]

Auf mikroskopischer Ebene bleiben Teile der Strukturen des ursprünglichen, organischen Materials erhalten. Diese sind zusammen mit den durch die Inkohlung entstandenen makromolekularen Verbindungen statistisch in der Kohle verteilt. Aufgrund der physikalischen Eigenschaften kann Braunkohle als hydrophiles Kolloidsystem angesehen werden. Ein frühes Modell der Mikrostruktur von AGDE et al. [ASJ42a, ASJ42b] beschreibt die Zusammenballung von Huminsäurekristalliten zu Mizellen mit einem Durchmesser von 5 nm und einer Höhe von etwa einem Nanometer, vgl. Abb. 2.2 (a). Aufgrund der Bestimmung von spezifischen Oberflächen mittels Desorptionsexperimenten wurden später auch Mizellgrößen von bis zu 12 nm vorgeschlagen [BS52].

Durch die Röntgenbeugungsexperimente von HIRSCH et al. [Hir54, BH55, CH60] konnte gezeigt werden, daß Braunkohle überwiegend amorph ist und Schichtstrukturen enthält, welche aus 8 bis 9 Atomen, also vorzugsweise einzelnen, substituierten Benzolringen bestehen. Diese sind zu dreidimensionalen Strukturen mit Zellen in der Größenordnung von 0.5 nm verknüpft. Erst mit zunehmender Inkohlung bildet sich das Anthrazitschichtgitter mit größeren aromatischen Strukturen aus, vgl. Abb. 2.2 (b).

Ein Netzwerkmodell erscheint die Struktur der Braunkohle aufgrund des physikalischen Verhaltens von Braunkohle (Elastizität, Schwellvermögen) und der Ergebnisse weiterführender Untersuchungen [Iino00] am besten zu beschreiben. Dabei konnte die Frage, welcher Art (kovalent, elektrostatisch) die Verknüpfungen zwischen einzelnen Makromolekülen sind, bis heute nicht befriedigend geklärt werden [Nis92, Iino00].

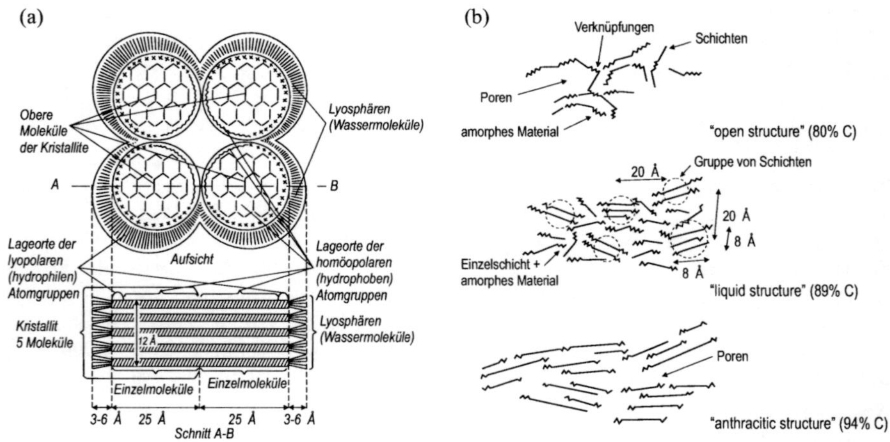

Abbildung 2.2:
Mizellare Mikrostruktur nach AGDE et al. [ASJ42a] (a) und makroskopische Netzwerkanordnung nach HIRSCH [Hir54] (b)

2.1.2 Wasserbindung

Während der Inkohlung wandelt sich das pflanzliche Material vom Hydrosol (wäßrige Dispersion mit etwa 10 Gew.-% Feststoff) zu einem kolloidalen Gel mit 30 bis 40 Gew.-% Feststoff um. Dabei ist das Wasser integraler Bestandteil der Struktur und die Wassergehaltsreduzierung führt zu einem irreversiblen Verlust der Gelstruktur, d. h. der Bildung eines Xerogels [ASJ42b, WSR91]. Die kolloidalen Eigenschaften der Braunkohle lassen sich wie folgt zusammenfassen:

- Braunkohle besteht aus fein verteilten Feststoffpartikeln mit Dimensionen kleiner 1 μm [ASJ42b, CS78a, CS78b]. Dabei ist das Verhältnis von Oberfläche zu Volumen mit etwa 280 m^2/g (wf.) sehr hoch [BS52, SAE74, ASM95].

- Im Rohzustand ist die disperse Phase kontinuierlich verteilt und bildet so mit dem Wasser ein Gel [Eva73b].

- Für die Kohle/Wasser-Grenzfläche sind Effekte einer elektrischen Doppelschicht nachweisbar, welche eine wichtige Rolle für die physikalischen Eigenschaften und die Struktur der Braunkohle spielen [RQ88].

- Bei der Adsorption/Desorption von Wasser kommt es zu Hystereseeffekten, analog zeigt die Kohle ein ausgeprägtes Schrumpfungs-/Schwellungsverhalten [AE71b, Eva73a].

Die quantitative Untersuchung und Beurteilung des Feststoff/Wasser-Systems in Braunkohle gestaltet sich nicht zuletzt auch deshalb kompliziert, da verschiedenste Definitionen zur Kennzeichung des Wassers existieren. Neben den Definitionen der mechanischen Verfahrenstechnik (Innenwassser, Adsorptionswasser, Haft- oder Adhäsionswasser, Zwickelkapillarwasser, Zwischenraumkapillarwasser und Grobkapillarwasser [Bat54]) werden häufig auf die Meßmethode oder Materialstruktur bezogene Definitionen wie „nicht gefrierendes" und „kolloidales" Wasser verwendet.

Gesichert scheint, daß ein Teil der großen Wasserbindungskapazität in Braunkohle auf den hohen Anteil funktioneller, sauerstoffhaltiger Gruppen zurückzuführen ist, die über Wasserstoffbrückenbindungen nicht nur das Feststoffgerüst stabilisieren, sondern gleichzeitig auch Wasser binden können [Sch72, KN78, ONG+97].

Zum anderen treten bei der thermischen Behandlung (vgl. Kap. 2.2.1) von Braunkohle reversible Effekte der Schrumpfung oder Schwellung bei Temperaturerhöhung oder -erniedrigung auf, die auch von Tonen bekannt sind und nicht allein den elektrostatischen Kräften in der Nähe der funktionellen Gruppen zugeschrieben werden können.

Eine quantitative Untersuchung der mit stärkeren Kräften in die Braunkohlestruktur eingebundenen Wasseranteile wird üblicherweise mittels Desorptionsexperimenten durchgeführt.

Adsorbiertes Wasser

Tabelle 2.1 zeigt die Ergebnisse verschiedener Untersuchungen an deutschen und australischen Braunkohlen. Die als „chemisorbiert" bezeichnete Wassermenge wird beim Abbau funktioneller Gruppen im niedrigen Temperaturbereich (60 bis 120°C) [AE71a] freigesetzt. Neben H_2O entsteht dabei auch schon CO_2.

Als Kapillarwasser wird hier die Wassermenge bezeichnet, ab der bei der Desorption eine Abweichung des Dampfdruckes vom Gleichgewichtsdampfdruck des reinen Wassers zu verzeichnen ist. Aufgrund von Meßungenauigkeiten unterscheiden sich besonders diese Werte bei den verschiedenen Untersuchungen erheblich.

Für das mit stärkeren Kräften gebundene Wasser liegen alle Ergebnisse jedoch in einem engen Bereich von 10 bis 20 kg Wasser pro 100 kg Trockensubstanz. Sowohl Allardice [AE71b] als auch Evans [SE67] konnten zwischen 30 und 110°C mit zunehmender Temperatur eine linear abnehmende Menge an in Monolayern gebundenem Wasser feststellen. Dies wird dem thermischen Abbau von funktionellen Gruppen zugeschrieben. Durch die Abschätzung, daß hauptsächlich Hydroxylgruppen für die Wasserbindung in Monolayern verantwortlich sind, errechneten Allardice und Evans, daß etwa ein Wassermolekül pro funktioneller Gruppe gebunden ist [AE71b].

Tabelle 2.1:
Charakterisierung der in Braunkohle enthaltenen Wasseranteile durch Desorptionsversuche

Bindungsart	$\frac{\text{kg Wasser}}{\text{100kgTrockens.}}$	
chemisorbiert	< 1.5	[AE71a]
in Monolayern ads.	7.2 - 8.3	[AE71b]
	6 - 8	[SE67]
in Multilayern ads.	7 - 12	[SE67]
adsorbiert ($\sum$)	10.3 - 17.4	[ASJ42b]
Kapillarwasser	60	[SE67]
	59 - 125	[ASJ42b]

Tabelle 2.2:
Berechnete Kapillardurchmesser für das Wasser in Braunkohle [Eva73a]

Kapillar-durchmesser [nm]	kumulierte Wassermasse $\left[\frac{\text{kg Wasser}}{\text{100kgTrockens.}}\right]$	Wasserart
120	75	Wasser
20	34	in
10	27	Kapillaren
5	20	adsorbiertes
3	14	Wasser

Evans [Eva73a] berechnete auf der Grundlage dieser Ergebnisse und eigener Trocknungsversuche die den verschiedenen Wasseranteilen zuzurechnenden Kapillardurchmesser, vgl. Tab. 2.2.

Abbildung 2.3 zeigt die nach diesen und weiteren Daten auf Grundlage der Huminsäurekristallitmizelle von Agde weiterentwickelte Modellvorstellung von Carmier und Siemon [CS78a] für ein mizellares System. Die maximale Entfernung für Wasserstoffbrückenbindungen zu funktionellen Gruppen ist hier von den Autoren aus den Daten von Desorptionsexperimenten abgeschätzt worden.

Nicht gefrierendes Wasser

Ein weiteres, auch bei Schlämmen angewandtes Kriterium zur Abgrenzung des mit stärkeren Kräften gebundenen Wassers ist, daß dieses erst bei tieferen Temperaturen als z. B. -20°C oder gar nicht gefriert [Ves94, KKK87]. Diese Wasseranteile können zum einen direkt aus den Ergebnissen von DSC- (*differential scanning calorimetry*) oder DTA- (*differential thermal analysis*) Messungen berechnet werden [KKK87] oder aus den temperaturabhängigen Abklingkurven (FID-Signal) bei NMR- (*nuclear magnetic resonance*) Messungen bestimmt werden.

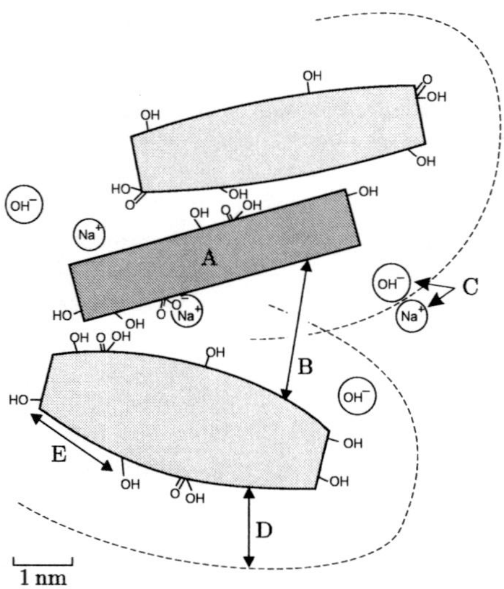

A. Theoretische Mizelle (1 nm x 5 nm) [ASJ42a].

B. Kapillardurchmesser entsprechend dem adsorbierten Wasser [Eva73a].

C. Radius solvatisierter Ionen, Hydroxylion ≈ 0.246 nm, Natriumion ≈ 0.217 nm.

D. Maximale Entfernung für Wasserstoffbrückenbindungen (4 H_2O Moleküle ≈ 1.6 nm [AE71b]).

E. Abstand zwischen Carboxylgruppen ≈ 6.2 nm und Phenolgruppen ≈ 2.9 nm. Berechnet aus spezifischer Oberfläche [SAE74] und Analysen der funktionellen Gruppen.

Abbildung 2.3:
Querschnitt durch ein mizellares System in der Braunkohlestruktur nach [CS78a]

In Tabelle 2.3 sind die Ergebnisse von DSC- und ^{1}H NMR-Untersuchungen [LW79b, LW82, NKH+97] an australischen Kohlen zusammengefaßt. Die danach als „nicht gefrierend" bestimmte Wassermenge liegt bei mehr als dem Doppelten des nach Tabelle 2.1 adsorbierten Wassers und beinhaltet so auch teilweise die Kapillarflüssigkeit.

„Gebundenes" Wasser

Obwohl bekannt ist, daß die physikalischen Eigenschaften dünner Flüssigkeitsfilme auf Oberflächen von den Kontinuumswerten abweichen, ist die Ursache und Reichweite solcher Störungen weitgehend ungeklärt, da sie nicht durch übliche Theorien wie z. B. die DLVO erklärt werden können [Isr91, Ves94] und außerdem auch bei hydrophoben Stoffen [Isr91, Vog98] sowie unpolaren Füssigkeiten [CH85, Gra91] auftreten.

Die Angaben zur Ausdehnung des oberflächennahen (*vicinal*) Wassers reichen von 3 nm (10 Moleküldurchmesser) bis 50 nm [Dro81].

Tabelle 2.3: Charakterisierung der in Braunkohle enthaltenen Wasseranteile durch die Beweglichkeit bei niedrigen Temperaturen.

Kohle	Wasser $\left[\frac{\text{kg Wasser}}{\text{100kg Trockensubstanz}}\right]$		
	gesamt	gebunden *DSC-Peak bei 226 K*	nicht gefrierend *^{1}H NMR*
NORINAGA et al. [NKH+97]			
Yallorn	135.3	17.6	56.8
Loy Yang	130.9	13.1	53.7
Morwell	124.7	8.7	59.9
LYNCH und WEBSTER [LW82]			
Morwell	143.3		52.0
Morwell	-		57.0

Unstrittig ist, daß in dünnen Filmen von 2 bis 3 nm die physikalischen Eigenschaften der nahezu immobilen Flüssigkeit in keinem Fall mehr mit den Werten der kontinuierlichen Phase übereinstimmen [IK89], allerdings deutet vieles darauf hin, daß diese Effekte abgeschwächt bis zu einem Abstand von 0.1 μm auftreten.

So zeigen Messungen, daß die Viskosität von Wasser zwischen zwei Oberflächen bei Abständen von 0.1 μm bis 0.03 μm vom zweifachen des Kontinuum-Wertes auf das 20fache ansteigt [PA70]. Neben einer Erniedrigung der Dichte ändern sich auch weitere physikalische Eigenschaften [EF87]. Zur Erklärung dieser Effekte wird eine größere Nahordnung bei verringerter Beweglichkeit angeführt [DC81, Ves94, WHL98].

Makroskopisch macht sich die sogenannte „diffusive Wasserhülle" auf die Durchströmbarkeit von feinkörnigen Böden dadurch bemerkbar, daß ein prälinearer Bereich der Durchströmung existiert, in dem die Geschwindigkeit überproportional mit dem Druckabfall ansteigt [DIN98, Möl98], die Flüssigkeit sich also scherentzähend verhält.

Die beschriebenen Effekte sollten aufgrund der kolloidalen Eigenschaften von Braunkohle, insbesondere infolge der hohen spezifischen Oberflächen, für die hohe Stabilität des Gesamtsystems Braunkohle und die hohen mechanischen Kräfte bzw. Temperaturen zur Entfernung des Wassers verantwortlich sein. Bei der konservativen Annahme einer Wechselwirkungsreichweite von 15 nm im Gegensatz zu 1.6 nm bei CARMIER und SIEMON [CS78a] wäre hiervon nahezu das gesamte in der rheinischen Braunkohle enthaltene Wasser betroffen.

Mit steigender Temperatur wird die Beweglichkeit des Wassers wieder größer. So reduziert sich die Viskosität bei etwa 75°C auf den Normalwert [DC81]. Analog kann eine über die Viskositätserniedrigung hinausgehende Verbesserung der Durchströmbarkeit von Tonen gemessen werden, die auf die Mobilisierung zusätzlicher Wasseranteile zurückgeführt wird [TK94].

2.2 Wasserentfernung

Die Haupteinflußfaktoren während des geologischen Inkohlungsprozesses organischen Materials sind der effektive Verdichtungsdruck[1] p_s, Temperatur, (bio-) chemisches Milieu und Zeit [Dul54]. Aufgrund der geologischen Zeiträume bei der natürlichen Inkohlung bieten sich zur Untersuchung des Vorganges Experimente bei erhöhten Temperaturen und Drücken an. Eine der ersten Untersuchungen dieser Art stellte BERGIUS [Ber13] an. Er erhitzte stark verdichtete Torfkohle über 32 Stunden bei 340°C und stellte eine Volumenreduzierung um 75%, eine Zunahme des Kohlenstoffanteils von 79 auf 87% sowie eine Reduzierung des Sauerstoffgehaltes fest.

Obwohl hierauf aufbauend in der Vergangenheit zahlreiche ähnliche Experimente unter erhöhten hydrostatischen Drücken ohne Möglichkeit der Wasserabfuhr [Hua96] und vereinzelt auch unter Entwässerungsbedingungen [RCBD91, CB97] durchgeführt wurden, galt das Interesse dieser Untersuchungen ausschließlich den chemischen und petrographischen Änderungen des Materials und nicht der damit über die Verdichtung verbundenen Wassergehaltsreduzierung.

Bis zur ersten Veröffentlichung über die Mechanisch/Thermische Entwässerung durch STRAUSS et al. [SBB+96] wurden somit keine systematischen Untersuchungen der Mengen entfernbaren Wassers sowie der Kinetik der Konsolidierung von Braunkohle bei erhöhten Temperaturen durchgeführt. Spätere Untersuchungen von GUO et al. [GHU97] bestätigten qualitativ eigene Untersuchungen bzgl. der verbesserten Entwässerung [SBB+96, SBB98b]. Was dagegen die Einzeleffekte von Druck und Temperatur betrifft, so existiert eine Vielzahl experimenteller Studien, die sich mit der Thermischen Entwässerung und Konsolidierung von Braunkohle beschäftigen.

2.2.1 Thermische Entwässerung

Die Grundlagen der Thermischen Entwässerung[2] beruhen auf der Entdeckung FLEISSNERS [Fle29, Ros29], daß die Kolloidstruktur von Braunkohle bei Erhitzung unter Druck teilweise zerstört wird, die Kohle schrumpft und das Wasser in flüssiger Form und damit energetisch günstiger als bei der Trocknung abgezogen werden kann. Abbildung 2.4 zeigt die Ergebnisse von MURRAY und EVANS [ME72] für die thermische Behandlung von Braunkohle mit anschließender Abkühlung in Wasser- bzw. Dampfatmosphäre. Anders als bei der Trocknung findet dieser Vorgang im gesamten Kornvolumen gleichzeitig statt, so daß keine Schrumpfungsspannungen und -risse resultieren. Die auftretenden Effekte können wie folgt beschrieben werden:

Zusammenbruch der Kolloidstruktur
Unabhängig von den chemischen Änderungen in der Kohlestruktur bei Temperaturen oberhalb von 140°C ist wie bei anderen kolloidalen Systemen, z. B. Tonen, ein großer Teil der Volumenschrumpfung reversibel, so daß bei Abkühlung in Wasser das Volumen durch Wasseraufnahme wieder zunimmt (vgl. Abb. 2.4). Dieser reversible Zusammenbruch der Kolloidstruktur wird auf die größeren Wechselwirkungen bei höherer Beweglichkeit der Moleküle und die damit steigende Wahrscheinlichkeit der Ausbildung neuer Verknüpfungen zwischen Feststoffoberflächen (bei gleichzeitigem Austreiben des Wassers) zurückgeführt [Ros29, ME72].

Physikalische Eigenschaften des Wassers
Durch die mit der Temperatur abnehmende Dichte tritt Wasser aus, welches ebenfalls bei Abkühlung in Wasseratmosphäre wieder aufgenommen werden kann. Das Abfließen des Wassers wird dabei durch die Reduzierung der Viskosität bei steigender Temperatur erleichtert.

[1]Gebirgsdruck abzüglich des hydrostatischen Druckes
[2]Nach deren Erfinder auch als FLEISSNER-Verfahren bezeichnet

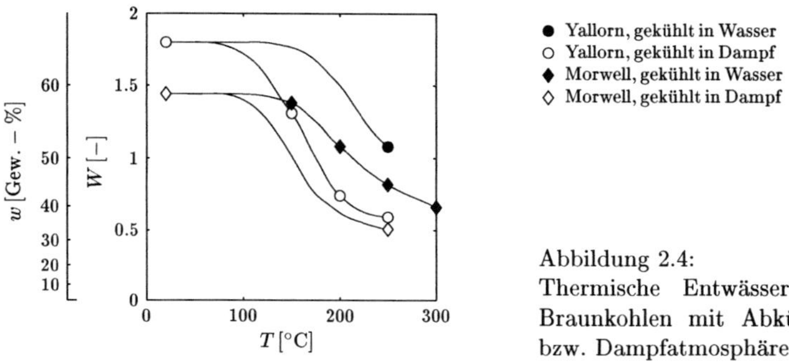

Abbildung 2.4:
Thermische Entwässerung australischer Braunkohlen mit Abkühlung in Wasser bzw. Dampfatmosphäre [ME72]

Abspaltung funktioneller Gruppen
Die Abspaltung funktioneller, sauerstoffhaltiger Gruppen beginnt bereits bei Temperaturen unter 100°C [AE71a] und findet verstärkt oberhalb von 150°C statt. Die entstehenden Zersetzungsgase treiben zusätzlich Wasser aus der Porenstruktur der Braunkohle aus [ME72].

Hydrophobisierung
Durch die verstärkte Zersetzung von funktionellen Gruppen und Teilen der Braunkohlestruktur oberhalb von 200°C tritt eine Hydrophobisierung des Materials ein, welche zu einer geringeren Wasserbindungskapazität führt, so daß auch bei Abkühlung in Wasser weniger Flüssigkeit wieder in die Porenstruktur eindringt [ME72]. Da sich die Braunkohle durch den Verlust des Sauerstoffes bei dieser Behandlung von der Zusammensetzung her (Verhältnis O/C) der Steinkohle annähert, wird die Behandlung bei hohen Temperaturen auch als künstliche oder thermische Inkohlung bezeichnet [Ruy82].

Während die Freisetzung des Wassers durch die Zerstörung der Kolloidstruktur parallel zur Aufheizung verläuft und keine „Zeitreaktion" [TS52, TK82] ist, dauert die Entfernung des durch die Zersetzung freigesetzten Wassers etwa 10 bis 20 min [ME72, DA92]. Da durch zusätzlich aufgeprägten Flüssigkeits- oder Gasdruck keine Verbesserung des Entwässerungsvorganges festzustellen ist [ES70], scheint die Temperatur der die Thermische Entwässerung dominierende Einflußparameter zu sein.

2.2.2 Konsolidierung

Bei der Untersuchung der mechanischen Eigenschaften zeigt Braunkohle ein für Böden typisches Konsolidierungsverhalten [WSR91]. Da die durch bodenmechanische Tests erhaltenen Kenngrößen auch im weiteren Verlauf dieser Arbeit Verwendung finden, wird im folgenden das Setzungsverhalten von Feststoffen im einaxialen Kompressionsversuch[3] kurz erläutert. Bei diesem Versuch wird eine ungestörte Probe bei behinderter Seitendehnung und Ermöglichung des Flüssigkeitsaustrittes an den Stirnflächen der Apparatur durch das Aufbringen einer konstanten Kraft verdichtet. Bezüglich der genauen Abhängigkeit der in solchen Versuchen bestimmbaren Kenngrößen von den Verfahrensparametern sind für Braunkohle nur wenige Untersuchungen bekannt. Hier wird unter Voraussetzung eines analogen Verhaltens bei kolloidalen Feststoffen auch auf die Untersuchung anderer Materialien zurückgegriffen.

[3] Oedometerversuch

Bodenmechanik

Die Grundlagen zur modernen Bodenmechanik legte KARL VON TERZAGHI 1918-1923 mit der Formulierung seiner mathematischen Theorie der Konsolidierung, vgl. [BSG96, Boer98]. Um 1920 erkannte er, daß bei der plötzlichen Belastung eines Bodens die Last augenblicklich durch einen Druckanstieg in der Porenflüssigkeit getragen wird. Der resultierende Druckgradient setzt die Flüssigkeit in Bewegung und führt zu einer Abnahme des Wassergehaltes. Dabei stehen der Flüssigkeitsdruck p_ℓ und der Feststoffdruck p_s im Gleichgewicht mit dem aufgeprägten Druck p. Mit zunehmender Konsolidierung wird somit der Flüssigkeitsdruck abgebaut, bis die Last im Gleichgewichtszustand nur noch vom Feststoff getragen wird, vgl. Abb. 2.5.

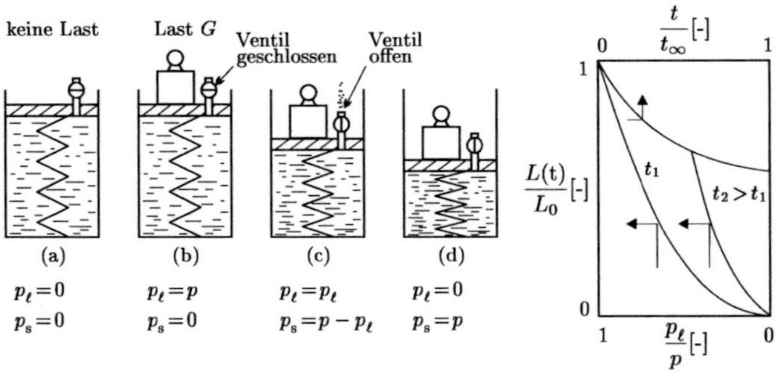

Abbildung 2.5: TERZAGHI-Modell der ersten Konsolidierung und Druckverlauf im Feststoff [TP61, SMI86]

BUISMAN [Bui36] erkannte, daß sich in der Realität Abweichungen von diesem Verhalten ergeben. Obwohl kein Flüssigkeitsdruck mehr festzustellen ist, „kriecht" der Feststoff weiter. Für diese *zweite* Konsolidierungsphase ergibt sich in einer Darstellung der Porenzahl e, welche über das Verhältnis von Porenvolumen (Hohlraumvolumen) und Feststoffvolumen definiert ist[4], über dem Logarithmus der Zeit (vgl. Abb. 2.6) ein linearer Verlauf. In Abbildung 2.6 ist außerdem der Konsolidierungsverlauf für eine größere Schichthöhe dargestellt. Durch die längeren Entwässerungswege während der ersten Konsolidierungsphase steigt die Entwässerungszeit quadratisch mit der Schichthöhe an. Bei längeren Zeiten laufen die Kurven für unterschiedliche Schichthöhen wieder zusammen, da auch während der ersten Konsolidierungsphase schon das schichthöhenunabhängige Feststoffkriechen stattfindet [Bje67, Gar72, Ler96].

Auf den Bereich der Anfangs- oder Initialkonsolidierung durch das Schließen von gasgefüllten Mikrorissen und -poren [WSR91] wird im weiteren nicht näher eingegangen, da Rohbraunkohle immer nahezu wassergesättigt ist [GA71].

Zur Beschreibung des Verdichtungsverlaufes in der zweiten Konsolidierungsphase wird der zweite Konsolidierungsindex C_α eingeführt, welcher sich über die Steigung berechnet [MC87]:

$$C_\alpha = -\frac{\partial e}{\partial \log(t)} . \qquad (2.1)$$

Der Übergang von der ersten zur zweiten Konsolidierungsphase kann wie in Abbildung 2.6 dargestellt durch die Tangenten an den Verlauf von $e(t)$ ermittelt werden. Da aus dem Englischen die Abkürzung eop (*end of primary*) zur Bezeichnung dieses Zustandes gebräuchlich ist, wird diese auch im weiteren verwendet.

[4]Anstelle der Porenzahl wird häufig auch die Setzung als Verhältnis der Schichthöhenänderung ΔL zur Anfangshöhe L_0 oder die Porosität ε als Verhältnis von Hohlraumvolumen und Gesamtvolumen verwendet. Gerade bei großen Deformationen ergeben sich hier jedoch abweichende Verläufe, so daß im Rahmen der vorliegenden Untersuchungen nur die Porenzahl e und die dazu proportionale Beladung $W = e\,\varrho_W/\varrho_S$ verwendet werden. Die Beladung berechnet sich aus dem Verhältnis von Wasser- und Feststoffmasse.

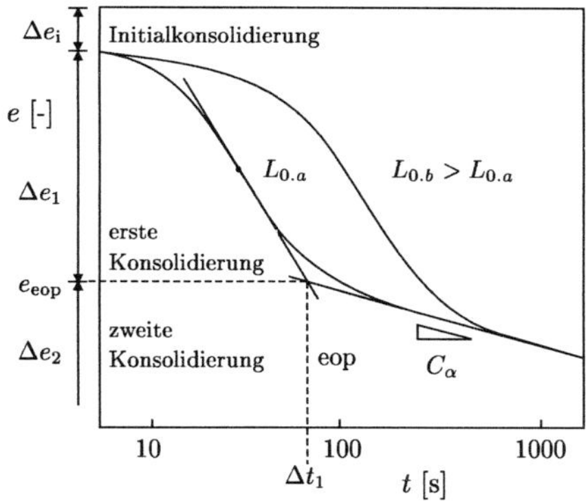

Abbildung 2.6:
Zeitlicher Verlauf der mittleren Porenzahl in der ersten und zweiten Konsolidierungsphase nach [LW79a]

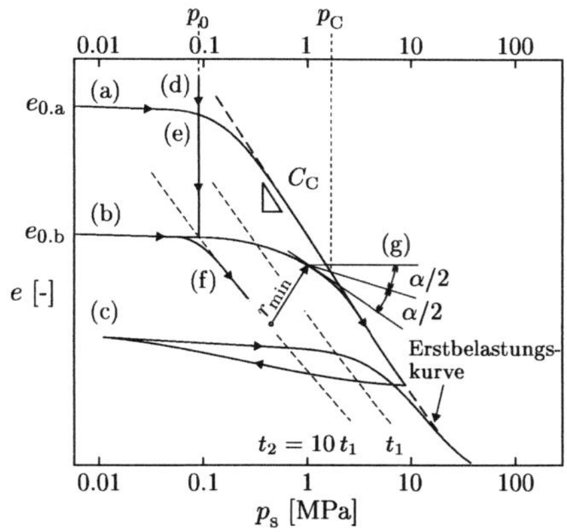

Abbildung 2.7:
Zusammenhang zwischen Porenzahl e und effektivem Verdichtungsdruck p_s nach der ersten Konsolidierung und zu späteren Zeiten t_1, t_2 [LW79a, LH90]

Aus den Werten der Porenzahl nach der ersten Konsolidierungsphase kann der Zusammenhang zwischen Porenzahl und effektivem Druck in Abbildung 2.7 konstruiert werden. Für Feststoffdrücke (effektive Verdichtungsdrücke) p_s oberhalb des ursprünglich auf dem Material lastenden Gebirgsdruckes p_0 geht die Kurve asymptotisch in die sogenannte Erstbelastungskurve über. Da diese in einem weiten Bereich eine konstante Steigung aufweist, kann als weitere charakteristische Größe der Konsolidierungsindex C_C definiert werden:

$$C_C = -\frac{\partial e}{\partial \log(p_s)} \,. \tag{2.2}$$

Ein Maß für die maximale Vorbelastung eines Materials ist der scheinbare Vorbelastungsdruck p_C, dessen Ermittelung nach CASAGRANDE [Cas36] (g) in der Abbildung dargestellt ist. Anhand dieser Größe können niedrig (a) und hoch (b) vorbelastete Materialien unterschieden werden. Da diese Methode bei Braunkohle meist gute Ergebnisse liefert [Ana82], soll auf weitere graphische Möglichkeiten zur Bestimmung von p_C [Sch55] hier nicht weiter eingegangen werden.

Höhere Verweilzeiten unter konstanter Belastung führen durch das Kriechen (d,e) zu niedrigeren Porenzahlen. Entsprechend können nahezu parallel zur Erstbelastungskurve Linien dargestellt werden, die die Verformung nach höheren Belastungszeiten wiedergeben (f). Diese Abweichungen von der Erstbelastungskurve sind besonders zu berücksichtigen, wenn in Untersuchungen nicht das Ende der zweiten Konsolidierung nach der Tangentenkonstruktion in Abbildung 2.6 ermittelt wird, sondern nur die Daten nach konstanter Verdichtungszeit bestimmt werden.

Die Verläufe der Kurven für spätere Zeiten sind dabei nicht genau parallel, da zum einen der zweite Konsolidierungskoeffizient mit der Zeit abnimmt, zum anderen er auch eine Funktion des Feststoffdruckes ist. Unterhalb des Vorbelastungsdruckes ist mit steigendem Druck eine Zunahme von C_α zu beobachten und bei höheren Drücken sinkt C_α wieder, vgl. Kap. 2.2.3.

Werden belastete Materialien zwischenzeitlich entlastet, so zeigt sich abhängig von der Elastizität eine Hysterese im Spannungs-Deformationsdiagramm (c).

Braunkohle

Bisherige bodenmechanische Untersuchungen deutscher und australischer Braunkohlen haben zu einer grundsätzlichen Klassifizierung der Kohlen verschiedener Provenienz über den Vorkonsolidierungsgrad geführt. Die ersten systematischen Drucksetzungsversuche mit Torf und Braunkohle wurden von NEUMANN und JACOB [NJ56] durchgeführt. Zwar erkannten sie bereits einen Zusammenhang zwischen der Setzung $\Delta L/L_0$ und scheinbarer Vorbelastung und stellten gleichzeitig einen abnehmenden Sättigungswassergehalt der Rohbraunkohle mit zunehmender Vorbelastung fest. Erst ROSENGREN [Ros63, TBR65] konnte jedoch in einem Vergleich der unterschiedlichen Kohlen durch die Umrechnung der Ergebnisse in entsprechende Wasserbeladungen (Abb. 2.8) zeigen, daß alle untersuchten Kohlen die von Böden bekannten charakteristischen Verläufe zeigen und die Erstbelastungskurven mit geringen Abweichungen übereinstimmen.

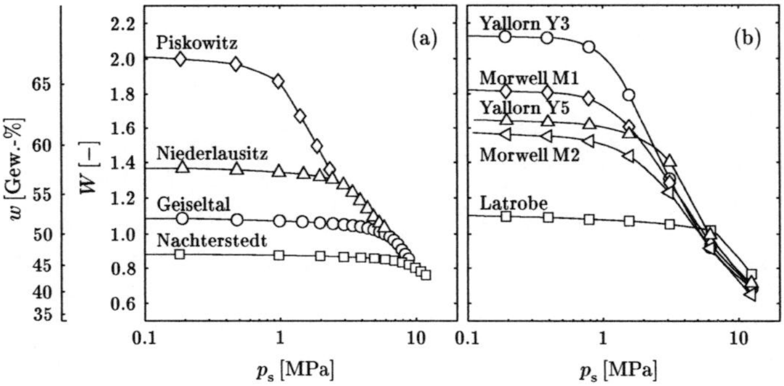

Abbildung 2.8: Druckabhängigkeit der Beladung: Ostdeutsche Kohlen (a) nach [NJ56], Australische Kohlen (b) nach [Ros63] (Flöztiefe Y5>Y3, M2>M1)

ROSENGREN folgerte, daß die Konsolidierungstheorie ähnlich wie bei Böden eine angemessene Beschreibung für die mechanischen Eigenschaften darstellt, da trotz sehr unterschiedlicher Provenienz und Vorbelastung ein allgemeiner Zusammenhang zwischen Wassergehalt und Feststoffdruck nachgewiesen werden konnte.

Sowohl NEUMANN und JACOB als auch ROSENGREN erkannten, daß Braunkohlen in Konsolidierungsversuchen einer signifikanten zweiten Konsolidierung unterliegen. Trotzdem bestimmten sie die Wassergehalte für die Darstellung in Abbildung 2.8 nicht entsprechend der Tangentenkonstruktion (Abb. 2.6) beim Übergang von der ersten zur zweiten Konsolidierung sondern aus dem Endwert der Verdichtung bei einer Druckstufe (24 Stunden bei NEUMANN und 7 Tage bei ROSENGREN). Dies führt bei großen Kriechraten, wie sie bei Braunkohlen auftreten, zu einer Überschätzung der Wassergehaltsreduzierung, wie Abbildung 2.9 zeigt. ANAGNOSTOPOULOS [Ana82] findet einen Fehler von etwa 10 Prozent für die Bestimmung des maximalen Vorbelastungsdruckes bei der Variation der Belastungszeit zwischen einem und sieben Tagen.

Die in Abbildung 2.9 dargestellte Durchführung von Versuchen mit nachfolgend steigender Belastung ist des weiteren bei Stoffen mit großer Kriechneigung problematisch, da durch die lange Vorbelastung bei zu geringen Drucksteigerungen die Erstbelastungskurve gar nicht mehr erreicht werden kann, vgl. auch Abb. 2.7 (f).

Aus diesem Grunde können die Ergebnisse von DULHUNTY [Dul60] nur einen qualitativen Eindruck der Druckabhängigkeit der Konsolidierung von Braunkohle vermitteln. Bei den in Abbildung 2.10 dargestellten Versuchen wurden Proben australischer und rheinischer Braunkohle bis zur Erhöhung des Druckes 28 Tage lang verdichtet, die Druckinkremente betrugen jeweils 50 lb/in^2 (0.345 MPa). Die Tatsache, daß die Beladungen weit unterhalb der aus Abbildung 2.8

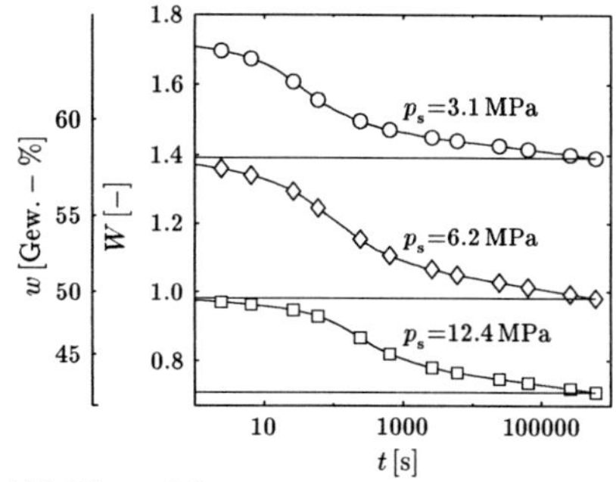

Abbildung 2.9:
Zeitlicher Verlauf der Beladung für einen Oedometerversuch mit zweifacher Drucksteigerung nach TROLLOPE et al. [TBR65]

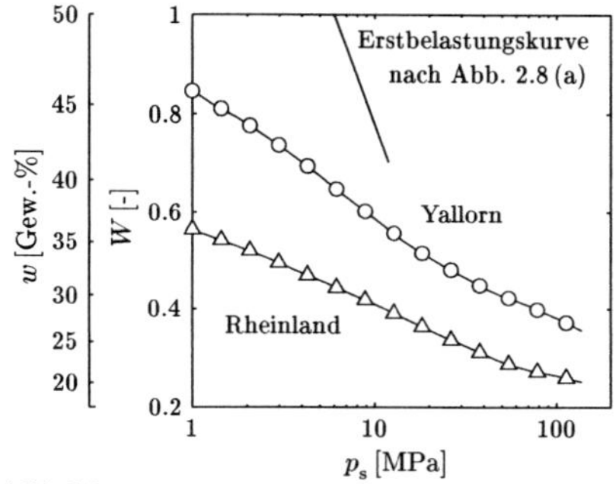

Abbildung 2.10:
Druckabhängigkeit der Beladung für rheinische und australische Braunkohle nach DULHUNTY [Dul60]

bestimmbaren Erstbelastungskurve liegen, zeigt deutlich, daß während des Feststoffkriechens noch nennenswerte Konsolidierungen auftreten. In anderen Versuchen konnte DULHUNTY zeigen, daß bei Verdichtungsdrücken zwischen 3.4 und 138 MPa erst nach 2 Monaten im Rahmen der Meßgenauigkeit (in einer linearen Auftragung des Verhältnisses der Beladung W zur anfänglichen Beladung W_0) keine weitere Verdichtung mehr nachweisbar ist. Bezogen auf die geologischen Zeiträume, in denen Braunkohle entsteht, folgert DULHUNTY, daß die Kohle im Gleichgewicht mit der Belastung steht [Dul60], wenn auch zeitliche Schwankungen von Druck und Temperatur entsprechende Verschiebungen bewirken [Dul54]. Für technische Prozesse wiederum sind die erforderlichen Verdichtungszeiten und -drücke zu hoch, so daß die mechanische Entwässerung bei Braunkohle bislang nicht angewendet wird [All91, FLW87].

2.2.3 Kinetik der Konsolidierung

Während für die geologische Beschreibung des Feststoff/Wasser-Systems in Braunkohle DULHUNTY's Annahme eines „quasi-Gleichgewichtszustandes" sicherlich ausreichend ist, erfordert die Auslegung mechanischer Verfahren zur Brennstoffveredelung eine differenziertere Betrachtung besonders der Kinetik des Vorganges.

Rheologische Modelle

Die Beschreibung eines porösen Materials durch ein Feder-Dämpfersystem (Feststoff-Wasser) durch TERZAGHI in Abbildung 2.5 stellt das einfachste auf die Entwässerung von Feststoffen anwendbare rheologische Modell dar. Dieses Modell kann jedoch nur die Kinetik der ersten Konsolidierungsphase zufriedenstellend beschreiben. SHIRATO [SMIN86, SMI86] erweiterte das Modell um ein KELVIN-VOIGT-Element für den Feststoffdruck (vgl. Abb. 2.11) und erhielt als Ergebnis für die Zeitabhängigkeit des Konsolidierungsverhältnisses U_C den Zusammenhang

$$U_C = B\left(1 - \exp\left(-\frac{t}{t_C}\right)\right) + (1-B)\left(1 - \exp\left(-\frac{C_e\, i^2\, \pi^2}{4\,\omega_0^2} t\right)\right). \tag{2.3}$$

U_C ist über die Schichthöhe L oder Porenzahl e wie folgt definiert:

$$U_C = \frac{L_0 - L}{L_0 - L_\infty} = \frac{e_0 - e}{e_0 - e_\infty}. \tag{2.4}$$

In Gleichung 2.3 sind t_C die Relaxationszeit des KELVIN-VOIGT-Elementes, i die Zahl der Entwässerungsflächen (1 oder 2) und ω_0 das Feststoffvolumen pro Querschnittsfläche.

B ist das Verhältnis von zweiter Konsolidierung zur gesamten Konsolidierung (*C=Consolidation*, *E=Expression*)

$$B = \frac{E_1}{E_1 + E_2} \qquad \text{mit}$$

$$E_1 = \frac{1+e}{a_E} \qquad a_E = -\left(\frac{\partial e}{\partial p_s}\right)_E \qquad (2.5)$$

$$E_2 = \frac{1+e}{a_C} \qquad a_C = -\left(\frac{\partial e}{\partial p_s}\right)_C$$

und C_e der modifizierte Konsolidierungsindex, welcher wie der mittlere Filterkuchenwiderstand $\overline{\alpha}$ als konstant angenommen wird. Dabei hängen C_e, $\overline{\alpha}$ und die Permeabilität K wie folgt zusammen:

$$C_e = \frac{1}{\mu \varrho_s \overline{\alpha} a_E} \quad , \qquad \overline{\alpha} = \frac{1+e}{K\, \varrho_s}. \qquad (2.6)$$

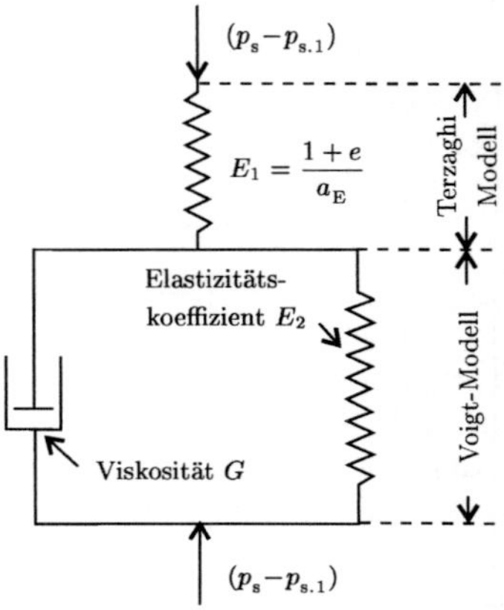

Abbildung 2.11:
Schema des kombinierten TERZAGHI-VOIGT-Modells für den Feststoffdruck [SMI86]

Mit diesem Ansatz läßt sich die erste Konsolidierungsphase bei vielen kolloidalen Stoffen gut beschreiben [SMI86]. Durch die Bestimmung des modifizierten Konsolidierungsindex aus der Regression von Meßwerten kann außerdem eine mittlere Permeabilität des Materials ermittelt werden. Da die zweite Konsolidierungsphase nur durch eine einfache Exponentialfunktion ausgedrückt wird, ist mit dieser Gleichung bei Stoffen, welche ein ausgeprägtes Kriechverhalten zeigen, die Beschreibung des in Abbildung 2.6 dargestellten Verlaufes nicht möglich. Trotzdem findet das Modell auch bei der Untersuchung von Braunkohle Verwendung [MIB+89, GTU99].

SCHIFFMAN et al. [SLC66] zeigten, daß eine unendliche Anzahl von KELVIN-VOIGT-Elementen mit einer kontinuierlichen Verteilung der Modellparameter für die zweite Konsolidierungsphase eine Kriechkurve liefert, die in der halblogarithmischen Darstellung als Gerade verläuft. Ein solches Modell kann auch als Beschreibung eine Feststoffes gedeutet werden, der aus einem System von Mikroporen mit einer breiten Größenverteilung besteht, welche mit einem das Wasser abführenden Makroporennetzwerk verbunden sind. Zu einer ähnlichen Schlußfolgerung kommen BERRY und POSKITT [BP72] bei der Untersuchung der Torfkonsolidierung.

Ein System, welches dieses Verhalten zeigt, sollte entsprechend als nicht-linear betrachtet werden. Untersuchungen des Kriechens bei Torf und Tonen von BARDEN [Bar68] bestätigen dies. BARDEN sowie BERRY und POSKITT führen die stetige Verlangsamung des Kriechens auf die Erhöhung der Viskosität zum einen des auf den Partikeloberflächen adsorbierten Wassers und zum anderen des gesamten Materials durch den Aufbau molekularer Bindungen bei der Annäherung der Oberflächen zurück. Für die Erweiterung der Modelle durch entsprechende nichtlineare Elemente existieren viele Vorschläge [Bar68]. Der komplexe Aufbau der Einzelsysteme führt jedoch zu einer großen Anzahl an Modellkonstanten, die nicht mehr ausschließlich aus unabhängigen Experimenten bestimmt werden können, so daß es sich letztlich mehr um eine mathematische Beschreibung handelt.

Bodenmechanische Größen

Die von anderen Stoffen bekannten Abhängigkeiten des zweiten Konsolidierungsindex C_α und der Porenzahl nach der ersten Konsolidierung e_{eop} von den Verfahrensparametern können zum Verständnis des Konsolidierungsvorganges beitragen, obwohl es sich auch bei C_α und e_{eop} um rein empirische Größen handelt. In Abbildung 2.12 sind die bekannten Zusammenhänge skizziert. Das Konsolidierungsverhalten von Torf ist dem der Braunkohle ähnlich und genauer untersucht, so daß auch die hierfür bekannten Ergebnisse mit herangezogen werden sollten. Die Zuordnung der im folgenden erläuterten Abhängigkeiten zu den jeweils untersuchten Stoffen ist in Tabelle 2.4 dargestellt.

Houston et al. [HHW85][1)] sowie Murayama und Shibata [MS66][2)] fanden einen linearen Anstieg von C_α mit der *Temperatur* (A).

Mit steigendem *Verdichtungsdruck* ist bei niedrig vorkonsolidierten Materialien eine Abnahme von C_α zu verzeichnen (B,a) [Mes73, MSAC97, AM73][2)3)4)]. Für stark vorkonsolidierte Materialien steigt C_α bis zum Vorkonsolidierungsdruck zunächst bis zu einem Maximum an [Ana82][5)], um dann analog zu niedrig konsolidierten Stoffen zu sinken (B,b) [Mes73][2)].

Die Abnahme von C_α läßt sich durch die Verfestigung des Materials bei zunehmender Verdichtung erklären, da gleichzeitig die *Porenzahl* abnimmt. Die Steigerung unterhalb des Vorkonsolidierungsdruckes entspricht einer Zunahme von Platzwechselprozessen (s. u.) durch den Anstieg der treibenden Kraft bei gleichzeitig nahezu konstanter Porenzahl. Dies wird auch durch die Ergebnisse von Wahls [Wah62][6)] bestätigt, der bei verschiedenen Vorbelastungen für alle Proben unterhalb des Vorkonsolidierungsdruckes (C,b) eine Zunahme von C_α mit abnehmender Porenzahl und oberhalb eine Reduzierung findet (C,a).

Der zweite Konsolidierungskoeffizient ist von der Definition her als zeitlich konstant anzusehen. Allerdings kann dies nur eine Arbeitshypothese für die Beschreibung von kurzzeitigen Experimenten sein, da sich in der Realität bei (geologisch) langen Verdichtungszeiten ein Gleichgewichtszustand einstellen wird. Dabei bestätigen experimentelle Untersuchungen, daß C_α sich zumindest im Bereich der ersten Monate nicht ändert [Mes73, MSAC97][2)3)].

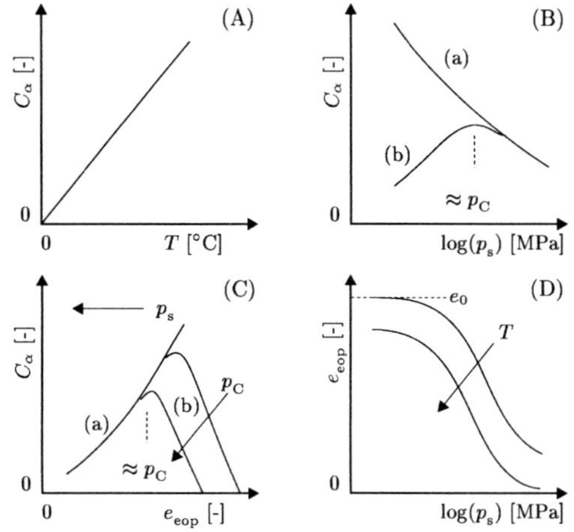

Tabelle 2.4:
Stoffe, bei denen die Abhängigkeit der Größen C_α und e_{eop} von den Verfahrensparametern genauer untersucht sind

1) Sedimente	4) Papierschlamm
2) Tone	5) Braunkohle
3) Torf	6) Flußschlamm

Abbildung 2.12: (links)
Einfluß von Druck und Temperatur auf den zweiten Konsolidierungskoeffizienten C_α und die Porenzahl nach der ersten Konsolidierung e_{eop}

Bei Untersuchungen der Porenzahl nach der ersten Konsolidierungsphase e_{eop} als Funktion der Temperatur kann eine Abnahme des Startwertes bzw. Gleichgewichtswertes der Porenzahl vor der Verdichtung e_0 festgestellt werden (D) [Paa67, CM68, TK94][2)].

Dieses Verhalten ist ähnlich dem reversiblen Anteil der Thermischen Entwässerung von Braunkohle auf die Freisetzung zuvor gebundenen Wassers zurückzuführen, wodurch auch ein Anstieg der Permeabilität mit steigender Temperatur erklärt wird [BLSM94, TK94].

Bei konstantem Konsolidierungsindex C_C verschieben sich die Erstbelastungskurven mit steigender Temperatur zu niedrigeren Porenzahlen und der scheinbare Vorbelastungsdruck sinkt [Eri89, BLSM94][2)]. Bei einigen Untersuchungen wird auch eine Reduzierung des ersten Konsolidierungsindex C_C [TGC97][2)] oder ein konstanter scheinbarer Vorbelastungsdruck [CM68][2)] gefunden.

Der Einfluß von Vorkonsolidierungsdruck und Vorbelastungszeit auf e_{eop} wurde bereits anhand von Abbildung 2.7 erläutert und ist für die meisten Materialien gut untersucht, vgl. dazu auch [Ros63, MSAC97, Bje67][5)3)2)].

Rate Process Theory

Die von Eyring [Eyr36] formulierte Theorie absoluter Reaktionsraten (RPT=*Rate Process Theory*) kann außer für die Beschreibung von chemischen Reaktionen auch bei der Untersuchung von Fließprozessen eingesetzt werden. Die grundlegende Annahme hierbei ist, daß Atome oder Moleküle, die als kleinste Elemente an einem Deformationsprozeß teilnehmen, durch die Anwesenheit von Energiebarrieren, welche benachbarte Gleichgewichtspositionen voneinander trennen, an der Bewegung relativ zueinander gehindert werden, vgl. Abb. 2.13. Die Verschiebung der Strömungseinheiten über diese Energiebarrieren erfordert, daß eine ausreichend hohe Aktivierungsenergie aufgenommen wird. Da a priori nur angenommen wird, daß die am Deformationsprozeß teilnehmenden Volumenelemente der statistischen Mechanik gehorchen, können sowohl Fluide [Eyr36, GLE41], Feststoffe (Metalle oder Kunststoffe [FH59]) als auch kolloiddisperse Systeme wie Schlämme [MCS68] betrachtet werden. Ist das untersuchte System auf mikroskopischer Ebene nur schwer beschreibbar, bietet sich die Anwendung der RPT zur Identifizierung des die Kinetik der Deformation dominierenden Mechanismus an, da hierbei zunächst keine weiteren Informationen über die stoffliche Beschaffenheit erforderlich sind.

Die Verteilung thermischer Energie auf die Strömungseinheiten kann durch eine Boltzmann-Verteilung beschrieben werden:

$$k' = \frac{kT}{h} \exp\left(-\frac{\Delta G}{RT}\right). \tag{2.7}$$

Dabei ist k die Boltzmann-Konstante, T die absolute Temperatur in K, h die Planck-Konstante, ΔG die freie Aktivierungsenthalpie und R die allgemeine Gaskonstante.

Wird dem System ein Potential z. B. in der Form einer Scherkraft (mikroskopisch als Schubspannung τ) aufgeprägt, so ändert sich die Barrierenhöhe wie in Abbildung 2.13, Kurve B, dargestellt. Hier ist λ der Abstand zwischen erfolgreichen Gleichgewichtspositionen, λ_1, λ_2 und λ_3 sind die Abstände zwischen einzelnen Strömungseinheiten in Richtung der wirksamen Spannung τ bzw. senkrecht dazu.

Somit ist die Energie, welche eine Strömungseinheit bei Annahme einer symmetrischen Potentialkurve zum Erreichen des Maximums benötigt, $\frac{1}{2}\lambda \cdot \tau\lambda_2\lambda_3$. Obwohl der Abstand zwischen erfolgreichen Gleichgewichtspositionen nicht zwangsläufig dem Abstand zwischen zwei Strömungseinheiten entspricht, sind diese Längen doch zumindest in der gleichen Größenordnung, so daß $\lambda \approx \lambda_1 \approx \lambda_2 \approx \lambda_3$ gesetzt werden kann.

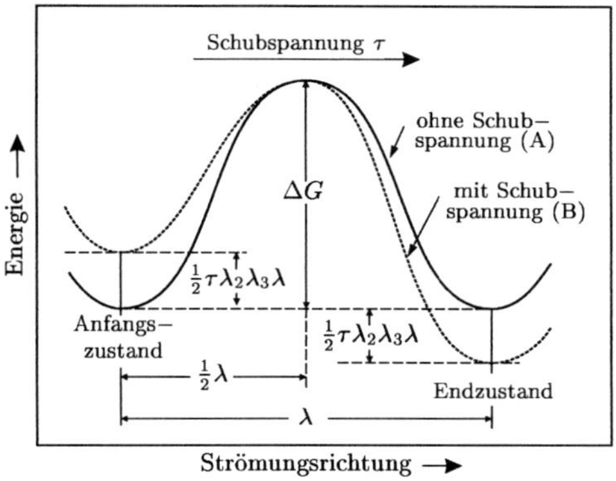

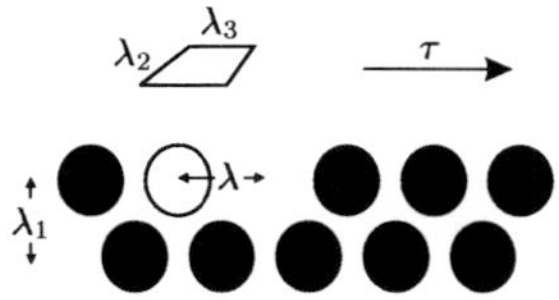

Abbildung 2.13:
Darstellung der Energiebarriere bei der Verschiebung einer Strömungseinheit [GLE41, MCS68]

Die effektive Aktivierungsrate kann damit als Summe der Übertritte über die Energiebarriere in Richtung und entgegengesetzt der wirksamen Spannung formuliert werden:

$$\begin{aligned}\overrightarrow{k'} - \overleftarrow{k'} &= \frac{k\,T}{h}\left[\exp\left(-\frac{\Delta G}{RT} - \frac{\frac{1}{2}\tau\lambda^3}{kT}\right) - \exp\left(-\frac{\Delta G}{RT} + \frac{\frac{1}{2}\tau\lambda^3}{kT}\right)\right] \\ &= \frac{2\,k\,T}{h}\exp\left(-\frac{\Delta G}{RT}\right)\sinh\left(\frac{\frac{1}{2}\tau\lambda^3}{kT}\right).\end{aligned} \tag{2.8}$$

Der Zusammenhang zur Verschiebungsgeschwindigkeit Δu bzw. zur Viskosität μ ist über

$$\Delta u = \lambda(\overrightarrow{k'} - \overleftarrow{k'}) = \frac{\tau\,\lambda}{\mu} \tag{2.9}$$

gegeben. Bei Fluiden kann der Term λ^3 näherungsweise durch den Quotienten aus molarem Volumen V_M und Avogadro-Konstante N ersetzt werden. Gleichzeitig sind die für die Verschiebung notwendigen Schubspannungen gering und λ liegt im Bereich molekularer Dimensionen ($\sim 10^{-10}$m), so daß $2kT \gg \tau\lambda^3$ ist und entsprechend $\sinh\left(\frac{\tau\lambda^3}{2kT}\right) \approx \left(\frac{\tau\lambda^3}{2kT}\right)$ gesetzt werden kann.

Bei assoziierten Flüssigkeiten wie Wasser muß berücksichtigt werden, daß die freie Aktivierungsenthalpie nicht temperaturunabhängig ist. Besonders bei niedrigen Temperaturen führt die durch Wasserstoffbrückenbindungen behinderte Eigenbewegung zu wesentlich erhöhten Werten.

Wird die *Rate Process Theory* auf Stoffsysteme angewendet, welche erst bei höheren Schubspannungen fließen oder in denen größere Partikel die Kinetik der Deformation dominieren, so muß die Näherung $\sinh\left(\frac{\tau\lambda^3}{2kT}\right) \approx \frac{1}{2}\exp\left(\frac{\tau\lambda^3}{2kT}\right)$ angewendet werden.

Als Maß für die Verschiebungsgeschwindigkeit kann bei porösen Materialien nur bei geringen Deformationen die relative Längenänderung $\frac{1}{L_0}\frac{\partial \Delta L}{\partial t}$ eingesetzt werden. Bei der Untersuchung der einaxialen Kompression von Feststoffen bietet es sich an, direkt die Geschwindigkeit der Höhenänderung oder die dazu proportionale zeitliche Änderung der Porenzahl $\dot{e} \sim \dot{L} \sim -\Delta u$ zu verwenden. Des weiteren kann bei der experimentellen Bestimmung der freien Aktivierungsenthalpie $\Delta G_{\exp}$ analog zu Eyring zunächst auch die Änderung der Entropie vernachlässigt werden [GLE41, MCS68]. Diese Näherung wurde durch die Untersuchungen bitumenhaltiger Materialien von Herrin [HJ63] bestätigt.

2.3 Direkte Aufheizung poröser Medien

Im Zusammenhang mit der Untersuchung der tertiären Ölförderung fanden in der Vergangenheit eine Vielzahl experimenteller Untersuchungen der Strömung von Dampf in porösen Medien statt [But91, ML59]. Empirische Ansätze bei der Modellbildung sind aufgrund der komplexen Struktur der Materialien und der großen Bandbreite an Strömungsformen, die bei der mehrphasigen Durchströmung solcher Systeme auftreten, unumgänglich. Exakte Berechnungen sind nur in Spezialfällen wie z. B. bei Einzelkugelumströmungen möglich, vgl. BRAUER [Bra71], SCHEIDEGGER [Sch74] und KAVIANY [Kav95]. Im folgenden wird deshalb zunächst die Formulierung der Impulsbilanz in porösen Systemen genauer beschrieben und später anhand von Simulationsergebnissen die Strömung bei der Aufheizung durch kondensierenden Sattdampf charakterisiert.

2.3.1 Einphasenströmung

Untersuchungen zum Druckabfall bei der stationären Strömung eines inkompressiblen Fluids durch ein poröses Medium wurden 1856 von HENRY DARCY [Dar56] durchgeführt. Trotz der rein experimentellen Natur seiner Arbeit sind die Ergebnisse für die kontinuumsmechanische Behandlung von Flüssigkeitsströmungen essentiell, da zum ersten Mal die Wechselwirkungen verschiedener Bestandteile in einem Mehrphasenkontinuum untersucht wurden [Boer98].

DARCY beobachtete bei Messungen mit vollständig wassergesättigtem Sand, daß der Druckabfall in der Schüttung proportional zum Volumenstrom durch die Schüttung strömenden Wassers ist. Das aus den Ergebnissen abgeleitete DARCY-Gesetz kann wie folgt dargestellt werden [Sch74]:

$$Q = -K'A(h_2 - h_1)/h\,. \tag{2.10}$$

Hier ist Q das pro Zeiteinheit durch eine homogene Schüttung der Höhe h mit der ebenen Oberfläche A strömende Fluidvolumen. Die Größe K' ist eine von den Eigenschaften des Fluids und der Schüttung abhängige Konstante. *Wenn offene Druckmeßrohre an der oberen und unteren Grenzfläche der Schüttung angebracht sind, steigt die Flüssigkeit auf die Höhen h_2 und h_1 über einer gewissen Normierungshöhe an.* Durch die spätere Einbeziehung der dynamischen Viskosität μ ergibt sich der heute gebräuchliche Zusammenhang zwischen dem Druckgradienten innerhalb der Schüttung (vgl. Abb. 2.14) $\mathrm{d}p/\mathrm{d}x$ und der Anström- oder DARCY-Geschwindigkeit u_D, in dem K nur noch eine Funktion der Haufwerkseigenschaften ist:

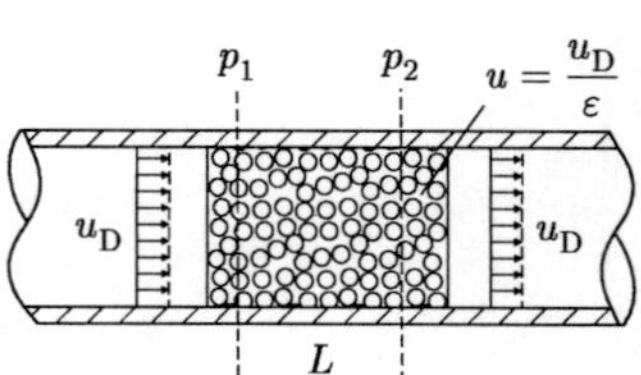

Abbildung 2.14: Zusammenhang zwischen Druckabfall, Anström- und Porengeschwindigkeit

$$-\frac{\mathrm{d}p}{\mathrm{d}x} = \frac{\mu}{K} u_\mathrm{D}\,. \tag{2.11}$$

Neben der SI-Einheit m^2 für die Permeabilität K ist eine weitere, traditionell in der Öl- und Gasindustrie verwendete Einheit das darcy[5]. Die Porengeschwindigkeit u berechnet sich mit der Porosität ε und der DARCY-Geschwindigkeit u_D zu $u = u_\mathrm{D}/\varepsilon$.

[5] Ein darcy entspricht 0.987 μm^2 oder der Permeabilität einer kubischen Probeschüttung mit der Seitenlänge 1 cm, welche bei einem Druckabfall von einer Atmosphäre mit einer Geschwindigkeit von einem cm/s von einer Flüssigkeit mit der Viskosität von einem centipoise durchströmt wird.

Der lineare Zusammenhang zwischen Geschwindigkeit und Druckabfall gilt nur für laminare Strömungen, in denen die Reibungskräfte dominieren. Zur Abgrenzung der verschiedenen Geschwindigkeitsregionen kann mit dem hydraulischen Durchmesser und der Porengeschwindigkeit die Reynoldszahl gebildet werden:

$$\mathrm{Re}' = \frac{u\, d_\mathrm{h}}{\nu}. \tag{2.12}$$

Der hydraulische Durchmesser d_h kann bei Kugelschüttungen zu

$$d_\mathrm{h} = \frac{4 \times \text{Hohlraumvolumen}}{\text{benetzte Oberfläche}} = 4\frac{V_\mathrm{H}}{A_\mathrm{p}} = \frac{4\,\varepsilon}{1-\varepsilon}\frac{V_\mathrm{p}}{A_\mathrm{p}} = \frac{2}{3}\frac{\varepsilon}{1-\varepsilon}d_\mathrm{p} \tag{2.13}$$

bestimmt werden. Damit ergibt sich ohne den Zahlenfaktor:

$$\mathrm{Re}'' = \frac{1}{1-\varepsilon}\frac{u_\mathrm{D}\, d_\mathrm{p}}{\nu}. \tag{2.14}$$

Die Strömung kann für $\mathrm{Re}'' < 1$ noch als reibungsdominiert betrachtet und die Gültigkeit des DARCY-Gesetzes angenommen werden, obwohl unterschiedliche Angaben zum Gültigkeitsbereich von Gleichung 2.11 existieren [Kav95].

Für $\mathrm{Re}'' > 100$ dominieren die Trägheitseffekte die Strömung. In diesem Fall muß die um die *Passabilität* η [SM87] und einen quadratischen Geschwindigkeitsterm erweiterte ERGUN-FORCHHEIMER-Gleichung verwendet werden:

$$-\frac{\mathrm{d}p}{\mathrm{d}x} = \frac{\mu}{K}u_\mathrm{D} + \frac{\varrho}{\eta}u_\mathrm{D}^2\,. \tag{2.15}$$

FORCHHEIMER [For01] erweiterte das DARCY-Gesetz semiheuristisch in der Analogie zu Rohrströmungen um einen quadratischen Term für höhere Anströmgeschwindigkeiten. Analog zu KOZENY (vgl. [Car38]), der für die schleichende Durchströmung einer Kugelschüttung den Zusammenhang zwischen Permeabilität und Hohlraumvolumen sowie Partikeldurchmesser berechnete, leitete ERGUN eine Gleichung zur Berechnung der Passabilität ab [EO49, Erg52]. Demnach berechnen sich K und η zu:

$$K = \frac{1}{150}\frac{\varepsilon^3}{(1-\varepsilon)^2}d_\mathrm{p}^2 \quad , \quad \eta = \frac{1}{1.75}\frac{\varepsilon^3}{1-\varepsilon}d_\mathrm{p}\,. \tag{2.16}$$

Die Konstanten nach Gleichung 2.16 lassen sich für einfache Geometrien theoretisch ableiten [Ple94] und sind auch durch experimentelle Ergebnisse bei Gleichkornschüttungen bestätigt. Bei Durchströmungen von Schüttungen mit ungleichförmigen Partikeln erlaubt die Verwendung der ERGUN-FORCHHEIMER-Gleichung mit den Konstanten nach Gleichung 2.16 jedoch nur eine Genauigkeit von etwa ±50%, auch wenn entsprechende äquivalente Partikeldurchmesser (z. B. der Sauterdurchmesser d_{32}) verwendet werden [MESD79].

Bei der Untersuchung realer Schüttungen bleibt es deshalb unerläßlich, eine experimentelle Bestimmung der Konstanten vorzunehmen. Als empirische Konstante ist dann die Permeabilität abhängig von der Porosität ε der Schüttung, der Korngröße bzw. Korngrößenverteilung sowie der Partikelgeometrie, -rauhigkeit und der Benetzbarkeit.

Durch Integration der Gleichung 2.15 für ein inkompressibles Medium ergibt sich für den makroskopisch zu messenden Druckabfall $\Delta p = p_0 - p_1$ über die Schichthöhe L

$$\frac{\Delta p}{L} = \frac{\mu}{K} u_\mathrm{D} + \frac{\varrho}{\eta} u_\mathrm{D}^2 \qquad \text{bzw.} \qquad \frac{\Delta p}{L\,\mu\,u_\mathrm{D}} = \frac{1}{K} + \frac{1}{\eta}\frac{\varrho}{\mu}\,u_\mathrm{D}, \tag{2.17}$$

so daß die Konstanten K und η durch lineare Regression bestimmt werden können. Für kompressible Fluide ergibt sich unter Verwendung der Kontinuitätsgleichung:

$$-\int_{p_0}^{p_1} \varrho(p,T)\,\mathrm{d}p = \int_0^L \frac{1}{K}\,\mu(p,T)\,\varrho_0\,u_{\mathrm{D.0}} + \frac{1}{\eta}\,\varrho_0^2\,u_{\mathrm{D.0}}^2\,\mathrm{d}x\,. \tag{2.18}$$

Ideales Gasverhalten vorausgesetzt, errechnet sich der Druckabfall für eine isotherme Strömung zu:

$$\frac{1}{2}\frac{p_0^2 - p_1^2}{p_0}\frac{1}{L} = \frac{\mu}{K}\,u_{\mathrm{D.0}} + \frac{\varrho_0}{\eta}u_{\mathrm{D.0}}^2. \tag{2.19}$$

Aus Gleichung 2.19 kann auch der örtliche Druckverlauf zu

$$p(x) = \sqrt{p_0^2 - \frac{x}{L}(p_0^2 - p_1^2)} \tag{2.20}$$

bestimmt werden.

2.3.2 Mehrphasenströmungen

Zur Beschreibung von Mehrphasenströmungen in porösen Medien ist es zunächst wichtig, die Strömung anhand der Phasenverteilung genauer zu charakterisieren. Nach DULLIEN [Dul88] können dabei die vier in Abbildung 2.15 dargestellten Fälle (a) bis (d) anhand der unterschiedlichen Benetzbarkeit unterschieden werden.

Das Verhältnis von Flüssigkeitsvolumen zum Hohlraumvolumen wird als Sättigung s bezeichnet. Das Strömungsverhalten hängt außer von der Sättigung und Benetzbarkeit auch vom Verhältnis der Volumenströme der Gas- und Flüssigphase ab. So unterscheiden TUNG und DHIR [TD88] für Fall (d) in Abbildung 2.15 bei zunehmendem Gasvolumenstrom zwischen *bubbly*, *slug* und *annular flow*. Aufgrund der Schwierigkeiten bei der physikalischen Beschreibung solcher Strömungen wird die empirische Beschreibung der Impulsbilanz (Gl. 2.15) um weitere Konstanten ergänzt, welche die Änderungen im Vergleich zur einphasigen Strömung berücksichtigen.

Relative Permeabilität und Passabilität

Die Kapillargeschwindigkeit steigt gegenüber der Einphasenströmung durch die Querschnittsversperrung bei der Anwesenheit einer zweiten Phase an, so daß sich bei gleichem Massendurchsatz der Druckabfall erhöht. Da in die Impulsbilanz nach Gleichung 2.15 nur die Anströmgeschwindigkeit eingeht, wird die Steigerung des Druckabfalls durch die Einführung der relativen Permeabilität $K_{\mathrm{k,r}}$ [MM36, WB36] und Passabilität $\eta_{\mathrm{k,r}}$ [SM87] der Komponente $\mathbf{k}$ berücksichtigt. Die entsprechende Formulierung der Impulsbilanz für die Dampfphase mit $K_\mathrm{v} = K \cdot K_{\mathrm{v,r}}$ und $\eta_\mathrm{v} = \eta \cdot \eta_{\mathrm{v,r}}$ lautet [SM87]:

$$-\frac{\mathrm{d}p_\mathrm{v}}{\mathrm{d}x} = \frac{\mu_\mathrm{v}}{K\,K_{\mathrm{v,r}}}u_{\mathrm{v,D}} + \frac{\varrho_\mathrm{v}}{\eta\,\eta_{\mathrm{v,r}}}u_{\mathrm{v,D}}^2\,. \tag{2.21}$$

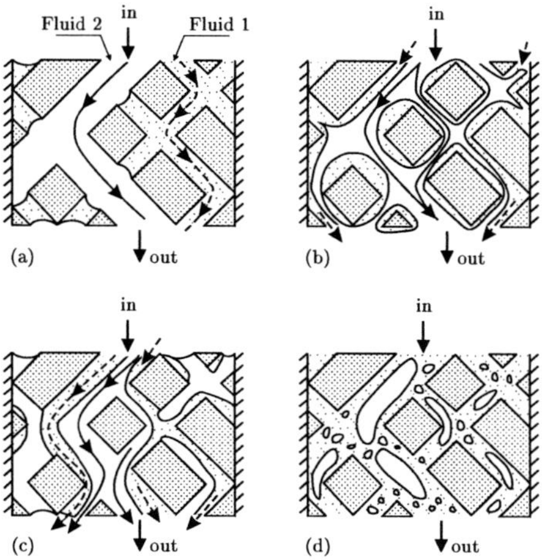

(a) Beide Fluide strömen in unterschiedlichen Kanälen, Fluid 1 benetzt den Feststoff bevorzugt.

(b) Beide Fluide strömen in den gleichen Kanälen, Fluid 1 benetzt den Feststoff bevorzugt.

(c) Beide Fluide strömen in den gleichen Kanälen. Jedes Fluid benetzt unterschiedliche Bereiche des Feststoffes.

(d) Beide Fluide strömen in den gleichen Kanälen, ein Fluid ist kontinuierlich verteilt, das andere dispers. Fluid 1 benetzt den Feststoff bevorzugt.

Abbildung 2.15: Strömungsvarianten bei der mehrphasigen Durchströmung poröser Medien nach [Dul88]

Dabei ist $u_{\mathrm{v,D}}$ unverändert die auf den gesamten Querschnitt bezogene Anströmgeschwindigkeit, aus der sich die Porengeschwindigkeit u_{v} durch die Berücksichtigung der Querschnittsverengung berechnet

$$u_{\mathrm{v}} = \frac{u_{\mathrm{v,D}}}{\varepsilon_{\mathrm{v}}} = \frac{u_{\mathrm{v,D}}}{\varepsilon(1-s)} \,. \qquad (2.22)$$

In Abbildung 2.16 ist der Verlauf der relativen Permeabilität von Flüssigkeits- und Dampfphase als Funktion der Sättigung schematisch dargestellt. Dabei wird auch deutlich, daß im Bereich 0<s<1 die Summe der relativen Permeabilitäten $K_{\ell,\mathrm{r}} + K_{\mathrm{v,r}} < 1$ ist, d. h. gegenüber der Einphasenströmung ein „Exzesswiderstand" auftritt. Ein häufig verwendeter Ansatz zur Beschreibung experimenteller Ergebnisse oder für den Einsatz in Modellen ist

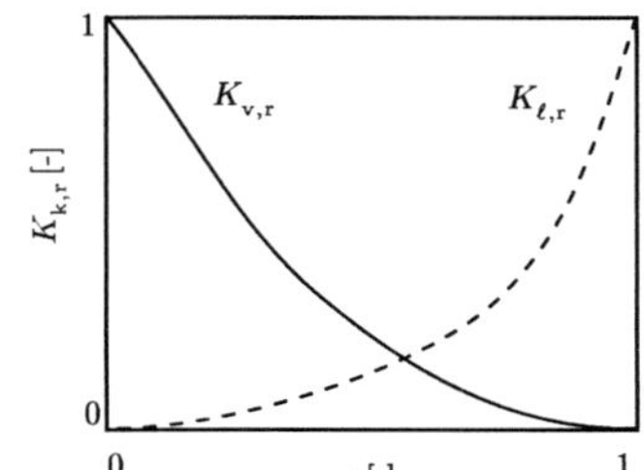

Abbildung 2.16: Relative Permeabilität von Dampf- und Flüssigphase als Funktion der Sättigung

$$\begin{aligned} K_{\ell,\mathrm{r}} &= s^{\beta} \qquad & K_{\mathrm{v,r}} &= (1-s)^{\gamma} \quad \text{bzw.} \\ \eta_{\ell,\mathrm{r}} &= s^{\delta} \qquad & \eta_{\mathrm{v,r}} &= (1-s)^{\vartheta} \,, \end{aligned} \qquad (2.23)$$

wobei die Exponenten β und γ für die relative Permeabilität im Bereich von 2 bis 4 variieren [SC85, Piq94]. Für die Exponenten δ und ϑ bei der Passabilität finden sich Werte zwischen 3 und 6 [SM87]. Problematisch bei einem Vergleich der Literaturdaten ist besonders, daß sich sowohl Messungen als auch Auswertemethoden unterscheiden. Der Verzicht auf die Bestimmung der Passabilität und relativen Passabilität in Fällen, in denen das DARCY-Gesetz nicht gültig ist, die Gleichsetzung von $\eta_{\mathrm{k,r}}$ und $K_{\mathrm{k,r}}$ [TGC93, LSC86] sowie die Nichtberücksichtigung von Kapillareffekten bei kleinen Partikeln und zusätzlichen Wechselwirkungstermen zwischen den Phasen bei hohen Geschwindigkeiten ergeben zu niedrige Werte der relativen Permeabilität, so daß der Reibungsterm überbewertet wird. Bei Verwendung der mit der irreversiblen Sättigung s_{irr} normierten *effektiven Sättigung* $s_{\mathrm{eff}} = (s - s_{\mathrm{irr}})/(1 - s_{\mathrm{irr}})$ [VPTW84] dagegen werden zu hohe Werte der relativen Permeabilität erhalten.

Die Normierung der Sättigung ist dabei auch physikalisch fraglich, da die Anwesenheit selbst einer immobilen Flüssigkeitsphase die Strömungsmechanik beeinflußt [Piq94]. Eine Übersicht der bisherigen Untersuchungen und entsprechende Formulierungen der Impulsbilanz bieten KAVIANY [Kav95] oder BUCHLIN und STUBOS [BS91].

Kapillarität

Einen großen Einfluß auf die Durchströmung feinkörniger poröser Medien haben Kapillareffekte. So wird z. B. bei der Luftdruckentwässerung [Nic99] die Menge des immobil im Haufwerk verbleibenden Zwickel- und Kapillarwassers außer durch die Stoffwerte und die Benetzbarkeit durch die Partikelgröße dominiert. Dabei kann die experimentell üblicherweise durch gasdurchsatzlose Be- und Entfeuchtung bestimmte Kapillardruckkurve $\Delta p = p_K(s) = p_i - p_\ell$ nicht mehr auf die Durchströmung eines porösen Mediums angewendet werden, da die Wechselwirkungskräfte zwischen den Phasen zu einem Flüssigkeitsaustrag und geringeren Sättigungen führen sowie anstelle des statischen der dynamische Kapillardruck [Sch82] die Kinetik beeinflußt.

Zur Reduzierung der Einflußgrößen wird häufig die LEVERETT [Lev41] $J(s)$-Funktion verwendet, die mit dem Kapillardruck wie folgt verknüpft ist [Kav95]:

$$J(s) = \frac{p_K(s)}{\sigma \cos\Theta} \left(\frac{K}{\varepsilon}\right)^{1/2} . \tag{2.24}$$

Dabei ist der Kapillardruck mit einer Näherungsgleichung zur Berechnung des kapillaren Eintrittsdruckes

$$p_{KE} = C' \frac{\sigma \cos\Theta}{d_p} \frac{1-\varepsilon}{\varepsilon} = C'' \sigma \cos\Theta \left(\frac{\varepsilon}{K}\right)^{1/2} . \tag{2.25}$$

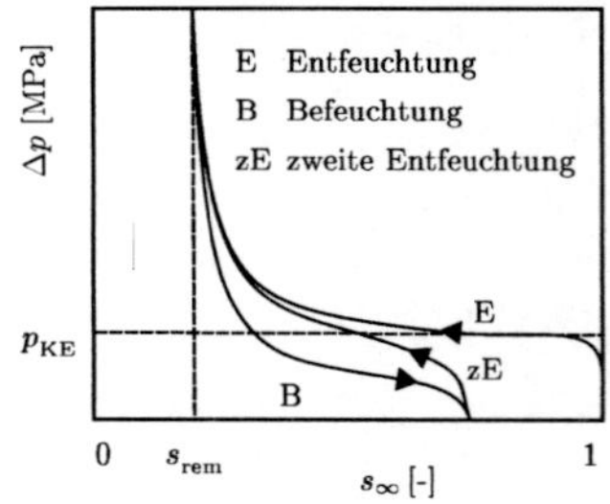

Abbildung 2.17: Kapillardruckkurve nach [Dul88, Nic99]

normiert. Für enge Verteilungen aus kugelförmigen Partikeln ist $C' = 6$. Mit zunehmender Abweichung der Partikelform von der Kugelgestalt steigt C' an [Sch73, Sch82]. Allerdings zeigen Untersuchungen, daß auch $J(s)$ nicht nur von der Sättigung abhängig ist, vgl. [Kav95]. Da eine korrekte Beschreibung des Systems nur auf Grundlage von Messungen möglich ist, schlägt NICOLAOU [Nic99] für die Auswertung von Entfeuchtungsexperimenten einen mathematischen Ansatz zur Beschreibung vor:

$$\Delta p = p_{KE} \left(\frac{s_\infty - s_{rem}}{1 - s_{rem}}\right)^{-\zeta} . \tag{2.26}$$

Die Parameter kapillarer Eintrittsdruck p_{KE}, remanente Sättigung s_{rem} sowie der Regressionsparameter ζ ergeben sich aus der Auftragung der aufgebrachten Gasdruckdifferenz Δp über der Sättigung nach Gasdurchbruch s_∞ (oder s_{irr}) nach Abbildung 2.17.

Erfolgt die Untersuchung feinstkörniger Materialien mit dem Ziel späterer Simulationen des Prozesses, ist die experimentelle Bestimmung der Kapillardruckkurve analog der Modellierung (Befeuchtung, Entfeuchtung) mit anschließender Berechnung der empirischen Konstanten nach Gleichung 2.26 zu empfehlen, da entsprechend Abbildung 2.17 je nach Versuchsdurchführung unterschiedliche Verläufe erhalten werden können.

2.3.3 Aufheizung mit Dampf und Heißwasser

Aufbauend auf der im letzten Kapitel erläuterten Impulsbilanz kann der Vorgang der Aufheizung eines Schüttgutes nach der Formulierung der zusätzlich notwendigen Energie- und Massenbilanzen numerisch berechnet werden. Im Zuge der Untersuchung speziell geothermischer Problemstellungen wurden verschiedene solcher Modelle erstellt. Einen Überblick bieten z. B. BUTLER [But91] sowie SÖZEN und VAFAI [VS90]. In Tabelle 2.5 ist eine Auswahl von Untersuchungen dargestellt.

Tabelle 2.5: Modelle zur Aufheizung poröser Medien mit Sattdampf

Autoren		IB	Dampf	Wasser	KF	LTE	ZE
(a) numerische Modelle							
NILSON & ROMERO	[NR80]	D	k	m	×	×	×
LE & LY	[LL95]	D	k	im	-	×	-
MORRISON	[Mor73]	D	k	m	(×)	×	-
HANAMURA & KAVIANY	[HK95]	EF	in,3	(im)	×	×	×
SÖZEN & VAFAI	[SV90]	EF	k	(m)	(×)	-	-
BERGINS & CRONE	[BC00]	EF	k	m	×	-	-
(b) analytische Modelle							
BROUWERS	[Bro96]	D	in,1	im,2	-	×	×
TSURUTA et al.	[TNM88]	D	in,3	m	×	×	×
NILSON & MONTOYA	[NM80]	EF	in,3	im,2	-	×	×

IB	Impulsbilanz	in	inkompressibel	1	Temperatur konstant
D	DARCY	k	kompressibel	2	Sättigung konstant
EF	ERGUN-FORCHHEIMER	im	immobil	3	lineares Temperatur- und Druckprofil
KF	Kondensatfront (s=1)	m	mobil		
LTE	Lokales thermisches Gleichgewicht				
ZE	Zoneneinteilung				

Trägheitseffekte sind nicht immer berücksichtigt, da viele der Modelle für geologische Systeme mit geringen Permeabilitäten konzipiert wurden. Auch wurde nur in wenigen Fällen die Ausbildung einer geschlossenen Kondensatfront (s=1) durch niedrige Porositäten oder hohe Feststoffwärmekapazitäten untersucht, wobei dann aber aufgrund geringer Dampfdrücke auf eine kompressible Formulierung der Gasphase verzichtet wurde.

Eine Analyse der prinzipiellen strömungsmechanischen und thermodynamischen Effekte ist nur durch eine möglichst einschränkungsfreie Modellierung möglich. Deshalb wurde im Rahmen der Untersuchung der Mechanisch/Thermischen Entwässerung ein eigenes Verfahren zur Beschreibung der Aufheizung entwickelt, welches bei BERGINS und CRONE [BC00] detailliert beschrieben ist. Durch die Verwendung aller Stoffdaten entsprechend der Neuformulierung der IAPWS-IF97 [WCD$^+$00], die Implementierung der Partikelwärmeleitung und die Berücksichtigung des Trägheitstermes in der Impulsbilanz werden auch Berechnungen bei den während der Mechanisch/Thermischen Entwässerung auftretenden hohen Dampfparametern ermöglicht. Der Verzicht auf eine a priori vorgegebene Zoneneinteilung erlaubt weiterhin eine objektivere Betrachtung der sich ausbildenden Strömung.

Bei den Berechnungen ergaben sich die in Abbildung 2.18 schematisch dargestellten Verläufe der Zustandsgrößen Temperatur, Druck und Sättigung, anhand derer die Strömung in fünf Bereiche unterteilt und beschrieben werden kann.

1. *Überhitzter Dampf*
   Nach dem Passieren der Kondensationsfront (3) verdampft im Anfangsbereich der Schüttung (bis 2a) zurückgebliebene Flüssigkeit durch die Entspannung nachfolgenden Dampfes, so daß auch die immobile Flüssigkeit verschwindet (s=0).

2. *Zweiphasengebiet*
   Im Zweiphasengebiet liegt Naßdampf vor. Die Sättigung s steigt monoton bis auf den Wert 1 an der Kondensationsfront an, wobei in einem breiten Bereich s nahezu konstant im Bereich der immobilen Sättigung liegt. Der Druckverlauf im Zweiphasengebiet zeigt eine gute Übereinstimmung mit dem Verlauf nach Gleichung 2.20. Anhand der Feststofftemperatur können zwei Bereiche unterschieden werden:

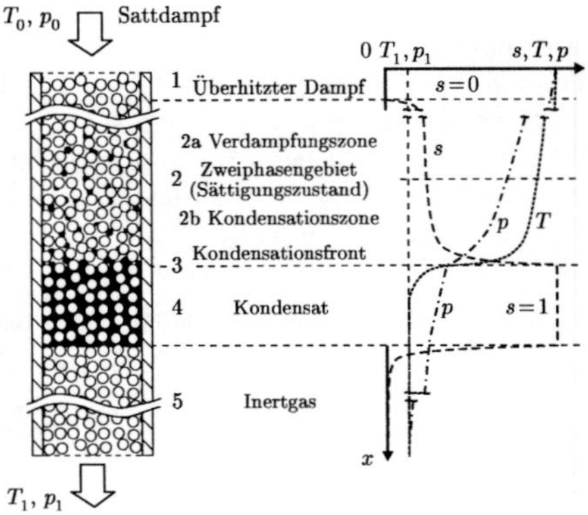

Abbildung 2.18: Schematische Darstellung des Verlaufes der Aufheizung einer Schüttung mit kondensierendem Sattdampf [BC00]

   2a) *Verdampfungszone*
   Durch die Entspannung nachströmenden Dampfes kann im vollständig aufgeheizten Bereich weiterhin das immobile Wasser in dieser Zone verdampft werden und es kommt zu einer geringen zeitlichen Abnahme der Sättigung.

   2b) *Kondensationszone*
   Bereits vor der eigentlichen Front findet Kondensation statt, da hier der Feststoff nicht komplett aufgeheizt ist. Zwar befinden sich Feststoff und Fluid aufgrund der guten Wärmeleitung bei kleinen Partikeln (<1 mm) nahezu im thermischen Gleichgewicht. Da sich das dargestellte Temperaturprofil im Zweiphasengebiet beim Fortschreiten der Kondensationsfront (3) mit der Zeit über die Schüttungslänge ausdehnt, steigt die Temperatur im Zweiphasengebiet jedoch weiterhin gering an.

3. *Kondensationsfront*
   An der Kondensationsfront erfolgt die Kondensation des Großteils des Dampfes unter Abgabe seiner latenten Wärme an den Feststoff. Die Sättigung steigt sprunghaft auf den Wert s=1 an der Front an. Durch Wärmeleitung kommt es auch zum Energietransport stromab in die Flüssigphasenregion (4).

4. *Kondensat* (s=1)
   In dieser Zone ist das Hohlraumvolumen vollständig mit Kondensat gefüllt, welches das zuvor enthaltene Inertgas verdrängt hat. Während der Druck aufgrund des nahezu inkompressiblen Charakters der Flüssigkeit linear absinkt, fällt die Temperatur stromab der Kondensationsfront durch den guten Wärmeübergang schnell auf Umgebungsniveau ab.

5. *Abstromgebiet*
   Das Abstromgebiet ist mit Inertgas bei Umgebungstemperatur und -druck gefüllt. Da die Gasgeschwindigkeit in diesem Bereich etwa gleich der Flüssigkeitsgeschwindigkeit in Region 4 ist, sinkt der Druck aufgrund der geringeren Viskosität im Vergleich zur Flüssigphase nur noch leicht ab.

Mit dem gleichen Modell läßt sich auch die Aufheizung einer Schüttung mit Heißwasser berechnen. Eine schematische Darstellung des Vorganges ist in Abbildung 2.19 dargestellt. Da nur heißes Wasser in die Schüttung einströmt, bildet sich durch die Entspannung des eintretenden Fluids in diesem Fall schnell eine Zweiphasenzone aus. Die Sättigung s durchläuft deshalb ein Minimum, bevor der Dampfanteil des Gemisches beim Kontakt mit kühleren Feststoffbereichen rekondensiert wird. Aus diesem Grunde bildet sich auch bei der Aufheizung mittels Heißwasser eine Kondensationsfront aus. Aufgrund des geringeren Wärmeinhaltes des Wassers ist die Breite der Flüssigphasenregion in diesem Fall größer und der dort auftretende Druckabfall höher.

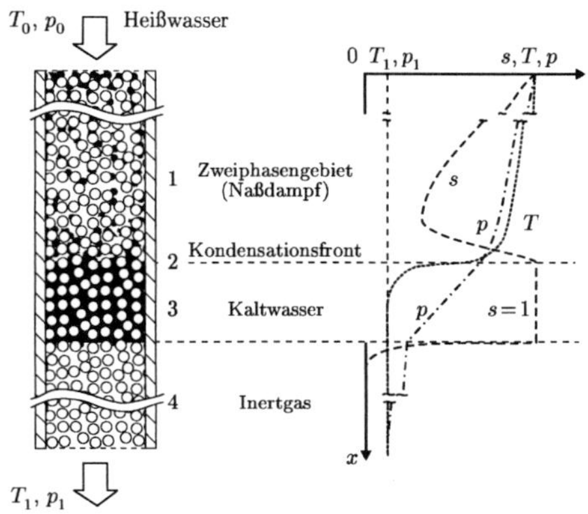

Abbildung 2.19: Schematischer Verlauf der Aufheizung einer Schüttung mit Heißwasser [BC00]

Die hohe erforderliche Rechenkapazität für numerische Modelle bei diesen transienten Vorgängen mit starken Gradienten in fast allen Größen legt für verfahrenstechnische Zwecke auch die Entwicklung einfacherer, auf die dominierenden Einflußparameter reduzierter Modelle nahe. Dies gilt besonders, wenn neben dem komplexen Verhalten der Fluidphase Stoffe wie Braunkohle untersucht werden, deren Feststoffeigenschaften zusätzlich von den Verfahrensparametern Temperatur, Druck und Zeit abhängen, vgl. Kap. 2.1.

Analytische Modelle

Eine quasistationäre Betrachtung der Aufheizung poröser Medien mit Dampf oder Heißwasser erlaubt eine erhebliche Vereinfachung der Berechnungen. Wenn für verfahrenstechnische Prozesse von einem konstanten Eintrittsdruck ausgegangen wird, können aufgrund der geringen Fortschreitungsgeschwindigkeit der Kondensationsfront im Vergleich zur Porengeschwindigkeit des dorthin strömenden Dampfes neben der Impulsbilanz auch die Temperatur- und Druckverläufe quasistationär betrachtet werden. Die Berechnung erfolgt unter diesen Umständen mit Hilfe eines analog zu Gleichung 2.17 oder 2.19 aus der Impulsbilanz abgeleiteten Zusammenhangs zwischen Eintrittsgeschwindigkeit, Schichthöhe und Druckabfall sowie makroskopischen Energie- und Massenbilanzen. Dazu ist eine Einteilung der Strömung in verschiedene Regionen erforderlich. Für die Aufheizung mit Dampf kann entsprechend Abbildung 2.18 das Fortschreiten einer ebenen Verdrängungsfront angenommen werden, an der die Abgabe der latenten Wärme erfolgt. In den übrigen Bereichen wird ein lokales thermisches Gleichgewicht (LTE) zwischen dem Feststoff und den fluiden Phasen angenommen. Dadurch ist die Anwendbarkeit der Modelle zwar auf Systeme mit kleinen Partikeln (kleiner etwa 1 mm) beschränkt, diese liegen bei geologischen und verfahrenstechnischen Systemen jedoch meistens vor.

Als Vorteil der quasistationären Betrachtung ergibt sich, daß die resultierenden Gleichungen prinzipiell analytisch lösbar sind. Die von BROUWERS zum Vergleich mit Meßdaten verwendete Formulierung ist dabei die einfachste Form eines solchen Modells, vgl. Tab. 2.5 (b). Für eine bei niedrigen Dampfdrücken als inkompressibel angenommene Dampfströmung läßt sich so zeigen, daß ein quadratischer Zusammenhang zwischen der Eindringtiefe X_v der Front und der Zeit t besteht.

$$t = C \frac{1}{\Delta p_v} X_v^2 . \tag{2.27}$$

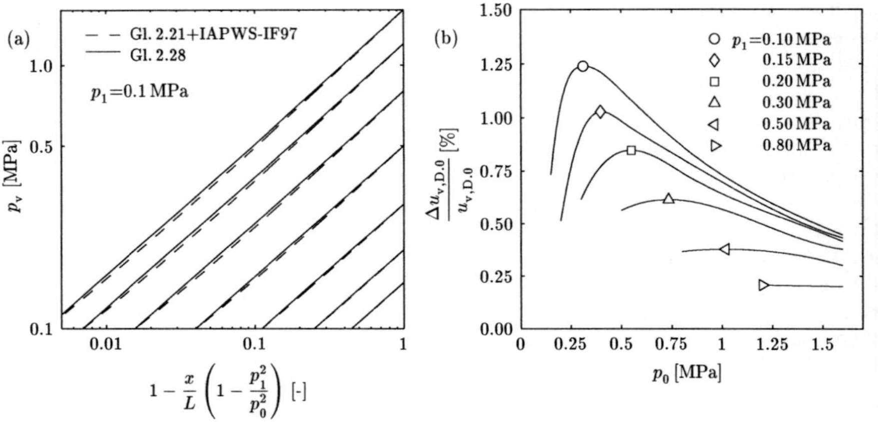

Abbildung 2.20:
Vergleich des Druckverlaufes nach Gleichung 2.21 (mit den IAPWS-IF97 Stoffdaten) sowie 2.28 (a), Fehler bei der Berechnung der Anströmgeschwindigkeit nach Gleichung 2.28 (b)

Dieser Zusammenhang wurde experimentell auch von BURTON [Bur62] bei der Dampfdruckfiltration von Steinkohleschlämmen gefunden und läßt sich analog auf das Eindringen von Flüssigkeitsfronten in poröse Medien [WP00] übertragen. Der Anwendungsbereich des Modells ist allerdings auf niedrige Dampfdrücke und -temperaturen limitiert, da weder der Strömungswiderstand einer evtl. auftretenden Kondensationsfront noch die Kompressibilität des Dampfes oder Trägheitseffekte bei höheren Geschwindigkeiten berücksichtigt sind. Zur Erfassung dieser Einflüsse kann in Erweiterung von Gleichung 2.19

$$\frac{1}{2}\frac{p_0^2 - p_1^2}{p_0\, L} = \frac{\overline{\mu_{\mathrm{v,S}}}}{K_{\mathrm{v}}} u_{\mathrm{v,D.0}} + \frac{\varrho_{\mathrm{v},0}}{\eta_{\mathrm{v}}} u_{\mathrm{v,D.0}}^2 \tag{2.28}$$

als sehr gute Näherung für den Druckabfall bei der Durchströmung einer teilweise flüssigkeitsgefüllten Schüttung mit Dampf angenommen werden. Abbildung 2.20 zeigt den Vergleich der nach Gleichung 2.28 bestimmten Druckverläufe und Anströmgeschwindigkeiten mit den nach Gleichung 2.21 numerisch unter Verwendung der IAPWS-IF97 berechneten Verläufen. In Teil (b) der Abbildung ist der Gegendruck p_1 der Parameter. Da der maximale Fehler bei etwa 1.25 Prozent liegt, weist Gleichung 2.28 eine ausreichende Genauigkeit auf, um im folgenden zum einen bei der Bestimmung von Permeabilitätsdaten für die stationäre Dampfdurchströmung und zum anderen bei der Entwicklung einer um die Kompressibilität der Dampfströmung erweiterten Modellvorstellung Verwendung zu finden. Die in Gleichung 2.28 eingesetzte mittlere Viskosität $\overline{\mu_{\mathrm{v,S}}}$ berechnet sich aus dem Druckverlauf $p(x)$ nach Gleichung 2.20 unter Annahme des Sättigungszustandes wie folgt:

$$\overline{\mu_{\mathrm{v,S}}} = \frac{1}{L}\int_0^L \mu_{\mathrm{v,S}}(T_{\mathrm{S}}(p(x)))\,\mathrm{d}x\,. \tag{2.29}$$

3 Experimentelle Grundlagen

3.1 Untersuchte Materialien

Für die experimentelle Untersuchung der Braunkohleeigenschaften und des Konsolidierungsverhaltens bei erhöhten Temperaturen wird eine Kohle aus dem rheinischen Tagebau Hambach eingesetzt. Die von der Firma Rheinbraun mit einer Korngröße von 0 bis 10 mm zur Verfügung gestellte Probe ist in Tabelle 3.1 näher charakterisiert. Die Tabelle enthält außerdem die Daten zweier weiterer Braunkohlen, die von Rheinbraun und der Monash Universität Melbourne für Untersuchungen zur Übertragbarkeit der Ergebnisse auf Braunkohlen unterschiedlicher Provenienz bereitgestellt wurden.

Tabelle 3.1:
Brennstoffeigenschaften der untersuchten Braunkohlen

Tagebau	Wasser [Gew.-%]	Asche [Gew.-%] wf.	Flüchtige [Gew.-%] waf.	Heizwert [MJ/kg] roh
1 Hambach	53.1	5.7	52.7	10.3
2 Yallorn	63.0	<0.1	~55*	-
3 Vastan	44.3	10.9	53.3	12.7

wf. wasserfrei
waf. wasser- und aschefrei
* [Sug98] für „light-lignite"

Die aus dem 1998 erschlossenen west-indischen Tagebau Vastan stammende Braunkohle zeichnet sich gegenüber der rheinischen durch einen niedrigen Wassergehalt und einen verhältnismäßig hohen Ascheanteil aus. In der australischen Yallorn-Braunkohle ist, bezogen auf die Trockenmasse, 50 Prozent mehr Wasser enthalten als in der rheinischen Braunkohle, dafür aber fast keine Asche. Bei etwa gleichem Inkohlungsgrad lassen sich die Unterschiede im Wassergehalt außer anhand der Lagerstättenbedingungen durch die verschiedenen Aschegehalte erklären, da die organischen Bestandteile eine wesentlich höhere Wasserbindungkapazität aufweisen und die mineralischen Komponenten in dieser Hinsicht als inert betrachtet werden können. Die die Vorkonsolidierung mitbestimmende Lagerstättentiefe beträgt für die Probe der rheinischen Braunkohle 340 m, wohingegen die Yallornkohle aus einer Tiefe zwischen 100 und 200 m (entsprechend Flözverlauf und -eigenschaften [Ros63, Gloe79]) stammt. Im rheinischen Tagebau nimmt dabei der Wassergehalt mit der Tiefe weiter ab und erreicht bei 640 m im Tagebau Hambach etwa 40 Gew.-%[1].

Tabelle 3.2:
Haufwerkseigenschaften

	Spektrum	d_{32} [μm]	ε [-]	K [m^2]
Braunkohle (Hambach)	0-10mm	1170	0.2 bis 0.35	$1 \cdot 10^{-13}$ bis $1 \cdot 10^{-11}$
Glaskugeln GK 1	240-420μm	309	0.33	$6.04 \cdot 10^{-11}$
Glaskugeln GK 2	50-105μm	82	0.35	$6.76 \cdot 10^{-12}$

- Braunkohle: Verdichtung mit Drücken zwischen 0.1 und 1 MPa
- Spektrum: Glaskugeln nach Herstellerangaben, Braunkohle gesiebt
- Permeabilität: Messungen mit Luft in Kapitel 5.1.5 bzw. 5.2.1

[1]Persönliche Mitteilung der Firma Rheinbraun, vgl. auch [KR74]

Abbildung 3.1: Mikroskopaufnahmen der untersuchten Braunkohle und Glaskugeln

Zur Untersuchung der Kinetik der Aufheizung werden neben der rheinischen Braunkohle auch die zwei in Tabelle 3.2 aufgeführten Glaskugelfraktionen verwendet. Die mit den Glaskugeln erhaltenen Ergebnisse sollen dabei zur Entwicklung und Verifizierung eines Modells der Aufheizung dienen, welches später auf die Braunkohle übertragen wird.

In Abbildung 3.1 sind ein Schnitt durch eine Braunkohleschüttung sowie Mikroskopaufnahmen der Glaskugeln dargestellt. Zur Veranschaulichung der Strömungspfade innerhalb des Haufwerkes wurde die Braunkohle in Epoxydharz eingegossen, verdichtet und nach der Aushärtung ein Schnitt durch den Preßling untersucht. Dabei wird deutlich, daß durch die Verdichtbarkeit der Schüttung und den hohen Feinkornanteil (< 1mm) der Braunkohle nur ein sehr geringes Hohlraumvolumen für die Durchströmung verbleibt.

Die Korngrößenverteilung der drei Schüttungsmaterialien ist in Abbildung 3.2 dargestellt. Der hier erkennbare hohe Feinkornanteil der Braunkohleschüttung führt in Verbindung mit der niedrigen Porosität zu der sehr geringen Permeabilität, vgl. Tab. 3.2. Aus diesem Grunde sind für die Vergleichsmessungen zwei Glaskugelfraktionen mit noch kleineren Partikeldurchmessern aber ähnlichen Permeabilitäten gewählt worden.

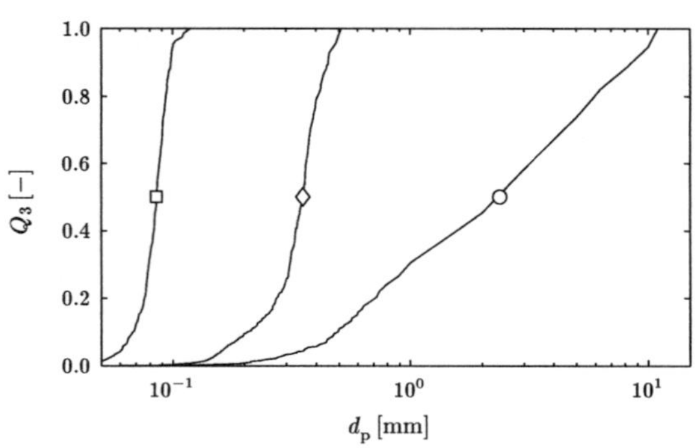

Abbildung 3.2: Durchgangssummenkurven der Partikelmassenverteilung für die rheinische Braunkohle und die Glaskugelfraktionen

3.2 Versuchsaufbauten

Die Experimente zur Untersuchung der Mechanisch/Thermischen Entwässerung und der Aufheizung mittels Sattdampf und Heißwasser werden an zwei Versuchsanlagen im Labor- und Technikumsmaßstab durchgeführt. Hierzu sind verschiedene Versuchsbehälter gefertigt worden. Für die Aufheizung der Glaskugelschüttungen mittels Sattdampf wurde zusätzlich ein 2 m langes Strömungsrohr installiert.

Kernstück der in Abbildung 3.3 skizzierten Laboranlage ist eine INSTRON Zug-Druck-Prüfmaschine Modell 1195, mit der sowohl eine Verdichtung bei konstanter Vorschubgeschwindigkeit (0.5 mm/min bis 500 mm/min) als auch bei konstanter Verdichtungskraft (bis 30 kN) durchgeführt werden kann. Die Versuchsbehälter (VB) werden auf einem unten am Kraftrahmen (KR) montierten Tisch fixiert. Die Kolbenstange (KS) wird über eine durch Spindeln (SP) angetriebene Traverse (TR) bewegt.

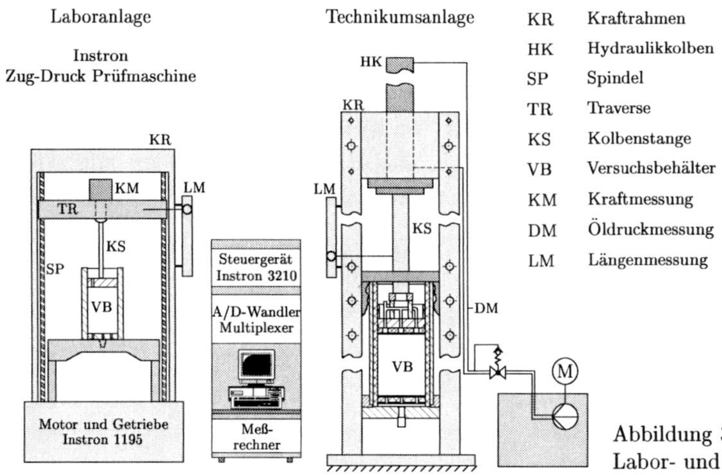

Abbildung 3.3:
Labor- und Technikumsanlage

An der Technikumsanlage ist der Versuchsbehälter hängend in einem Stahlgestell installiert. Mit einem Hydraulikkolben können Kräfte bis 400 kN aufgebracht werden, die Vorschubgeschwindigkeit ist auf 5 mm/s begrenzt.

Neben den aufgeprägten Kräften wird an beiden Anlagen auch die Kolbenposition über elektronische Längenmessungen (LM) erfaßt. Die Meßdaten werden zusammen mit denen der in den Fließbildern (Abbildungen 3.6 und 3.7) dargestellten Meßstellen von einem Computer mit A/D-Wandler für die weitere Auswertung registriert. Für die Längenmessungen wurden aufgrund der temperaturabhängigen Wärmedehnung der gesamten Apparatur sowie der druckabhängigen elastischen Verformung der Anlage Kalibrierkurven aufgenommen.

3.2.1 Versuchsbehälter

Es wurden insgesamt 6 Versuchsbehälter gefertigt, da sich bei den im Rahmen dieser Untersuchungen durchgeführten Experimenten verschiedene Anforderungen bzgl. der Schüttungshöhen und der realisierbaren Verdichtungsdrücke ergaben. Fünf davon sind in den Abbildungen 3.4 und 3.5 dargestellt.

Behälter 2b unterscheidet sich von VB 2a nur dadurch, daß der zylindrische Teil durch einen Doppelmantel, an dem keine Temperatur- und Druckmeßstutzen angebracht sind, mit Öl beheizt wird. Diese Konstruktion erweist sich für Versuche zur Thermischen Entwässerung (Kapitel 4.1.3) als vorteilhaft, da so eine konstante Temperaturverteilung über den ganzen Behälter erzielt wird. Mit den dargestellten Apparaturen können die folgenden Versuche durchgeführt werden:

- Mechanische Entwässerung von Braunkohle bei unterschiedlichen Temperaturen (VB 1+5)
- Thermische Entwässerung von Braunkohle (VB 2b)
- Verdichtung trockener Kohle unter inerten Bedingungen bei hohen Temperaturen (VB 1)
- Direkte Aufheizung von Braunkohle mittels Heißwasser und/oder Sattdampf (VB 2a+5)
- Direkte Aufheizung von Glaskugelschüttungen mittels Sattdampf (VB 2a+3)
- Permeabilitäts- und Passabilitätsmessungen mit Dampf, Wasser und Luft
  - Verdichtete Braunkohle (VB 1+2a)
  - Glaskugeln (VB 2a, 3+4)

Hier sollen nur VB 1 und 2a detailliert beschrieben werden, da der prinzipielle Aufbau der Versuchsbehälter ähnlich ist. Versuchsbehälter 1 ist für Drücke bis 8 MPa ausgelegt und wie VB 2a, 2b und 3 aus Edelstahl gefertigt. Die Beheizung und Kühlung mit Thermoöl erfolgt über einen Doppelmantel. Der Innenraum ist in zwei separate Bereiche unterteilt. Im oberen befindet sich die Kohle, der untere ist bei den meisten Versuchen wassergefüllt. Da bei diesem Aufbau sowohl die Bereiche oberhalb (Kolben) und unterhalb (Reservoir) der Kohle noch durch den Doppelmantel mitbeheizt werden, ist im Versuchsraum eine homogene Temperaturverteilung sichergestellt.

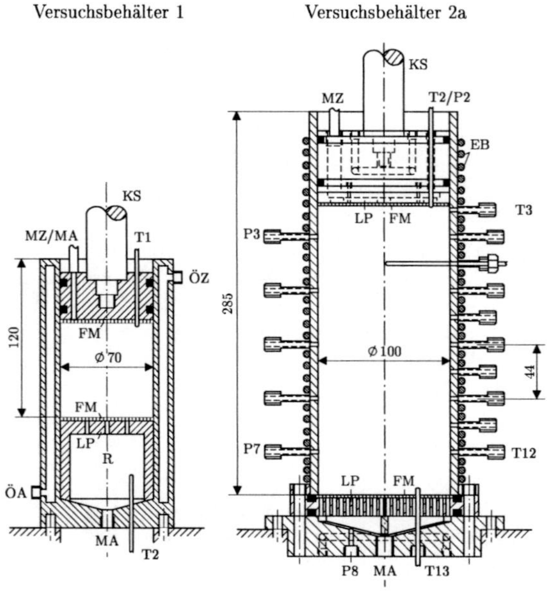

Abbildung 3.4:
Versuchsbehälter der Laboranlage

Das Filtermittel an Ober- und Unterseite ist eine Kombination aus feinem Edelstahlnetz (80μm Maschenweite) zur Rückhaltung der Kohle und grobem Edelstahlgewebe zur Sicherstellung einer über die Fläche gleichmäßigen Entwässerung. Die Temperaturen werden über NiCr-Ni Thermoelemente im Kolben und im Boden des Behälters überwacht. Magnetisch-induktive Aufnehmer für Druckmessungen bis 6 MPa befinden sich in den zu- und abführenden Rohrleitungen entsprechend dem Fließbild in Abbildung 3.6.

Der Kolben ist durch zwei Viton®-O-Ringe gegen den zylindrischen Behälter abgedichtet, so daß in allen Versuchen auch bei Beschädigung eines der Ringe durch Feststoffpartikel vollständige Dichtheit gewährleistet ist.

Damit auch bei den im Rahmen der Aufheizung mit Dampf auftretenden hohen Geschwindigkeiten eine gleichmäßige An- und Abströmung gewährleistet ist, wurden in Behälter 2a unter dem Kolben und im Boden des Behälters Lochplatten mit integrierten Kanalsystemen installiert. Über eine Anzahl von Temperatur- und Druckmeßstutzen im zylindrischen Behälterteil kann das Fortschreiten der Kondensationsfront zeitlich registriert werden. Zusätzliche Leitfähigkeitsmessungen in den zu- und abführenden Rohrleitungen erlauben bei den Aufheizversuchen die genaue Bestimmung des Endes der Vorwärmung mit Heißwasser und des Zeitpunktes, zu dem der Dampf erstmals aus der Schüttung austritt (Dampfdurchbruch).

Die Versuchsbehälter 3 (Edelstahlrohr für die Aufheizung von Glaskugeln) und 4 (transparentes Kunststoffrohr für Permeabilitätsmessungen mit Glaskugeln) sind in das weiter unten beschriebene Rohrleitungssystem integriert, so daß die gleichen Versorgungsleitungen und meßtechnischen Einrichtungen verwendet werden können.

Die Technikumsanlage mit Versuchsbehälter 5 dient im Rahmen der vorliegenden Arbeit zur Verifikation der Übertragbarkeit der experimentellen Ergebnisse auf einen größeren Maßstab. Auf eine Begleitheizung wird hier verzichtet, da neben der Aufheizung mittels Sattdampf nur der auch technisch sinnvolle Entwässerungsverlauf in den ersten Minuten der Konsolidierung untersucht wird [BBS98a].

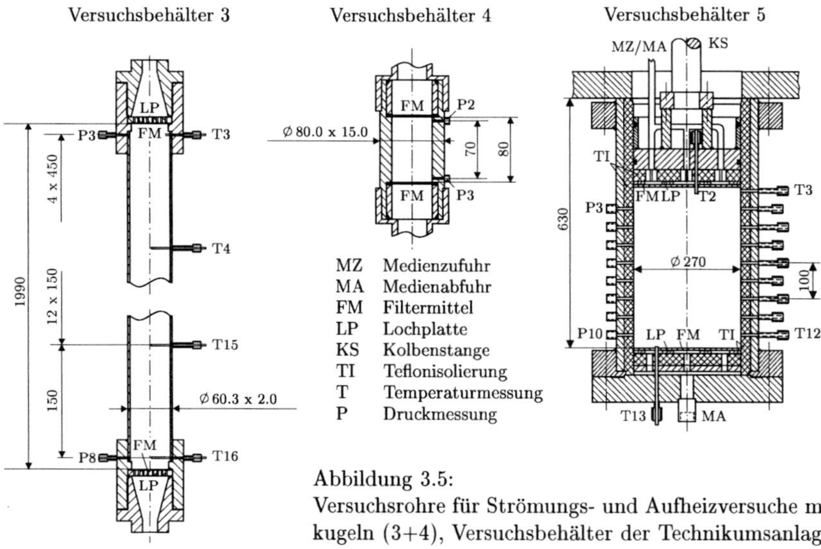

Abbildung 3.5:
Versuchsrohre für Strömungs- und Aufheizversuche mit Glaskugeln (3+4), Versuchsbehälter der Technikumsanlage (5)

3.2.2 Fließbilder

Das Fließbild der Laboranlage in Abbildung 3.6 zeigt alle für die Untersuchung des Konsolidierungs- und Durchströmungsverhaltens hochverdichteter Kohle notwendigen Einrichtungen. Die Einbindung eines über eine langsamlaufende Spindel bewegten Hydraulikkolbens zur Förderung geringer Wasservolumenströme (0.5 bis 300 mm^3/s) bei Drücken bis 6 MPa ermöglicht die Messung sehr niedriger Permeabilitäten mit Anströmgeschwindigkeiten von 0.13 bis 78 $\mu m/s$. Für Versuche oberhalb von 100°C wird ein Überströmventil mit vorgeschalteter Fluidkühlung eingesetzt. Damit können die zur Vermeidung von Verdampfung innerhalb des Versuchsbehälters notwendigen Drücke bis 3 MPa aufrechterhalten werden. Das flüssig entfernte Wasser wird anschließend in einem auf einer elektronischen Waage ruhenden Behälter aufgefangen. Die Entwässerung des Preßgutes kann wahlweise über die obere und/oder untere Entwässerungsleitung erfolgen. Zur Inertisierung des Versuchsraumes und Vermeidung der Selbstentzündung bei Versuchen mit trockener Kohle kann der Versuchsbehälter mit Stickstoff durchströmt werden.

Der für die Untersuchung der Aufheizung notwendige Dampf (vgl. Abb. 3.7) wird mit einem elektrisch beheizten 60 kW-Dampferzeuger der Fa. Beckermesser (BM 2450) hergestellt. Als weitere Medien für die Durchströmungsversuche stehen Wasser und Luft aus dem Netz der Universität (0.7 MPa) zur Verfügung. Das Heißwasser für die kombinierte Aufheizung der Braunkohle wird in einem doppelwandigen Behälter mit Thermoöl aufgeheizt. Bei der Untersuchung der Aufheizung wird ein Teil des Dampfes im Bypass über einen Totalkondensator abgeleitet, um zunächst die zuführenden Leitungen vorzuheizen und während der Versuche in den Leitungen entstehendes Kondensat abzuführen.

Durch die Verwendung eines weiteren Totalkondensators in der abführenden Rohrleitung ist auch die Messung von Permeabilitäten mit Dampf möglich. Bei Permeabilitätsmessungen mit Luft werden für kleinere Luftvolumenströme verschiedene Rotameter, für größere ein Turbinenradzähler (Terz 91, Fa. RMG Meßtechnik) verwendet.

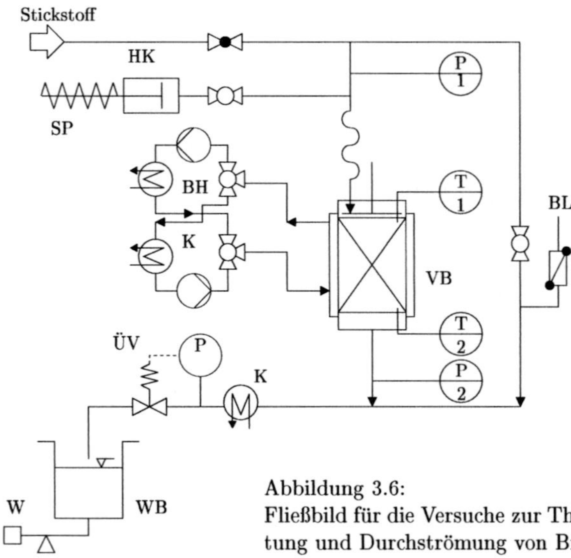

Abbildung 3.6:
Fließbild für die Versuche zur Thermischen Entwässerung, Verdichtung und Durchströmung von Braunkohle im Labormaßstab

3.3 Versuche zur Entwässerung und Konsolidierung

3.3.1 Thermische Entwässerung

Wegen des hohen Feinkornanteils der rheinischen Braunkohle werden bei den Versuchen zur Thermischen Entwässerung nur Proben der Fraktion 1 bis 10 mm verwendet. Dadurch wird vermieden, daß feinere Partikel in das Abwasser gelangen oder der Wassergehalt durch größere Mengen anhaftenden Oberflächenwassers verfälscht wird. In den Versuchen werden 100 g-Proben der Kohle in einem Beutel aus feinem Edelstahlnetz (80 μm) unter dem Kolben des Versuchsbehälters VB 2b befestigt und in dem nur teilweise mit Wasser gefüllten Behälter unter Druck auf die Versuchstemperatur aufgeheizt, so daß eine Verdampfung des Kohlewassers ausgeschlossen werden kann. Anschließend erfolgt eine für alle Versuche konstante Behandlungszeit von 1200 s bei konstanter Temperatur. Diese Zeit wurde gewählt, da Vorversuche in Übereinstimmung mit Literaturangaben [ME72] gezeigt haben, daß bei längeren Experimenten nur noch eine geringe zeitliche Abnahme des Wassergehaltes beobachtet werden kann. Bei Versuchsende wird der Behälter langsam auf Umgebungstemperatur abgekühlt.

In weiteren Experimenten wird Kohle außerdem zunächst in Wasser aufgeheizt. Erst vor der Abkühlung wird die in einem Beutel unter dem Kolben befestigte Kohle wieder in den Dampfraum gezogen. Durch den Vergleich mit den Ergebnissen der Thermischen Entwässerung in Dampfatmosphäre ist die Quantifizierung des durch Zersetzungsgase ausgetriebenen Wassers möglich.

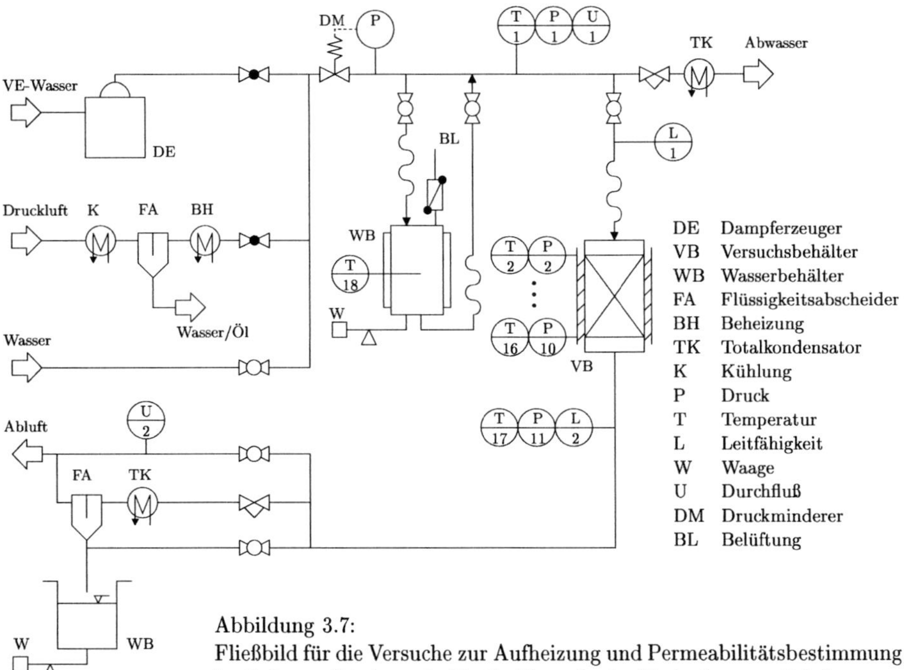

Abbildung 3.7:
Fließbild für die Versuche zur Aufheizung und Permeabilitätsbestimmung im Labormaßstab sowie für die Versuche im Technikumsmaßstab

3.3.2 Konsolidierung

Im Gegensatz zu anderen Untersuchungen [NJ56, Dul60, BB89] wird im Rahmen dieser Arbeit gemahlene Kohle anstelle massiver, zylindrischer Proben bei den Experimenten zur Konsolidierung eingesetzt. Dies ist notwendig, da die Kohle bei höheren Temperaturen bereits vor der Verdichtung schrumpft (vgl. Kap. 2.2.1) und beim Einsatz von massiven Proben vor Preßbeginn somit keine gleichmäßige Flächenbeladung vorliegen und deshalb auch eine ungleichmäßige Verdichtung stattfinden würde. Darüber hinaus bietet bei homogener Durchmischung die Verwendung der gemahlenen Kohle den Vorteil einer besseren Reproduzierbarkeit aufgrund der gleichmäßigeren Beschaffenheit der Proben (vgl. Kap. 4.1.1).

Zur Vermeidung von Trocknungseffekten wird in allen Laborversuchen zur Konsolidierung die Kohle als Schlamm in den wassergefüllten Versuchsbehälter VB 1 eingefüllt. Da so ein vollständig flüssigkeitsgesättigtes Haufwerk sichergestellt ist, kann außerdem der zeitliche Verlauf des Wassergehaltes wie bei anderen Untersuchungen üblich [BB89, GHU97] aus dem am Versuchsende bestimmten Wert des Wassergehaltes und dem Verlauf der Schichthöhe berechnet werden. Eine Bestimmung des zeitabhängigen Wassergehaltes über die aufgefangene Wassermenge ist bei hohen Temperaturen nicht möglich, da Zersetzungsgase bereits während der Aufheizung stoßweise Wasser über das Überdruckventil aus dem Versuchsraum herauspressen.

Nach der Aufheizung wird die Temperatur zunächst analog zu den Versuchen zur Thermischen Entwässerung 1200 s konstant gehalten. Die abschließende Verdichtung erfolgt sowohl bei konstanter Vorschubgeschwindigkeit des Kolbens als auch bei konstantem Verdichtungsdruck. Im einzelnen werden die folgenden Versuchsreihen durchgeführt (vgl. auch Tab. 3.3):

- Temperaturabhängigkeit: 10000 s Verdichtung bei konstantem Preßdruck (5 MPa), Temperaturen zwischen 25 und 225°C sowie 100 und 200 g Einwaage (13.2 bzw. 26.4 kg/m^2).
- Druckabhängigkeit: 10000 s Verdichtung bei konstantem Preßdruck zwischen 1 und 5 MPa, vier Temperaturen und 100 g Einwaage.
- Zeit- und Schichthöhenabhängigkeit: Zwischen 1000 und 20000 s Verdichtung bei konstantem Preßdruck (5 MPa), drei Temperaturen und 50 bis 300 g Einwaage.
- Thermische Vorbehandlung: 4000 s Verdichtung bei konstantem Preßdruck (5 MPa) mit 100 g thermisch vorbehandelter und anschließend unter Wasser abgekühlter Kohle.
- Provenienz: Verdichtung bei konstanter Vorschubgeschwindigkeit (0.5 mm/min) bis 5 MPa bei drei Temperaturen und 200 g Einwaage mit rheinischer, australischer und indischer Braunkohle.

Nach Beendigung der Versuche werden die Preßlinge zur Vermeidung von Readsorption unter Belastung abgekühlt, vermessen und zur Wassergehaltsbestimmung 4 bis 5 Tage im Trockenschrank bei 105°C gelagert. Durch die Trocknung der Gesamtmasse kann außerdem der *Trockenmasseverlust* genau bestimmt und die weitere *Schrumpfung* des Preßlings gemessen werden.

3.3.3 Permeabilitätsmessung

Zusätzlich zu den normalen Verdichtungsversuchen werden Permeabilitätsmessungen in der konsolidierten Braunkohle bei vier Temperaturen durchgeführt. Dazu wird die Kohle nach der Aufheizung für jeweils 500 s bei konstantem Druck verdichtet.

Tabelle 3.3:
Versuche zur Konsolidierung bei hohen Temperaturen

T [°C] / p_s [MPa]	25	55	85	115	145	175	205	225
1	×		×		×		×	
2	×		×		×		×	
3	×		×		×		×	
4	×		×		×		×	
5	⊗	o	⊗	o	⊗	o	⊗	o
TVB			◎		◎	◎	◎	
$\dot{L}=0.5\frac{\text{mm}}{\text{min}}$	R		R A I		R A I		R A I	
0-5 MPa	K		K		K		K	

× Druckabhängigkeit
o Temperaturabhängigkeit
◎ Thermische Vorbehandlung (TVB)
R Rheinische Braunkohle
A Australische Braunkohle
I Indische Braunkohle
K Permeabilitätsmessung

Nach der Bestimmung der Permeabilität mittels Durchströmung mit Wasser unter Verwendung der Kolbenpumpe bei drei Anströmgeschwindigkeiten $u_{\ell,\mathrm{D}}$ wird der Verdichtungsdruck schrittweise weiter erhöht und die Kohle erneut durchströmt.

3.3.4 Verdichtung trockener Kohle

Zur Untersuchung des Einflusses des Feststoffgerüstes auf die Verdichtbarkeit der Kohle werden Verdichtungsversuche bei konstanter Kolbengeschwindigkeit (0.5 mm/min) bis zum Erreichen von 6.5 MPa Verdichtungsdruck mit 200 g zuvor getrockneter Kohle bei Temperaturen zwischen 20 und 240°C in Stickstoffatmosphäre durchgeführt. Bei 4.5 MPa und am Versuchsende wird außerdem die Relaxation (Druckabbau bei konstanter Kolbenposition) und Reexpansion (Druckabbau beim langsamen Zurückfahren des Kolbens) des Feststoffes gemessen.

Zum Abschluß der Versuche werden die Preßlinge abgekühlt und Trockenmasse sowie Endschichthöhe bestimmt. Aufgrund der sehr geringen Kriechgeschwindigkeit der Trockenkohle werden nur 2 Versuche bei über längere Zeit konstantem Feststoffdruck (5 MPa) durchgeführt.

3.4 Versuche zur Aufheizung und Durchströmbarkeit

Die Aufheizung von Schüttgütern mit kondensierendem Sattdampf wird sowohl anhand von Schüttungen aus Glaskugeln als auch mit Braunkohlehaufwerken untersucht. Die Messungen mit den (idealen) Glaskugelschüttungen sollen dabei der ersten Verifizierung des zu erstellenden Modells dienen. Die kombinierte Aufheizung mit Heißwasser und Dampf wird nur bei Braunkohle durchgeführt.

3.4.1 Aufheizung mit Dampf

Die Kinetik der Aufheizung mit Dampf wird bei den Glaskugeln GK 1 und GK 2 im Strömungsrohr VB 3 und in Versuchsbehälter VB 2a entsprechend den folgenden Meßreihen (vgl. auch Tab. 3.4) untersucht.

- Aufheizung der trockenen Schüttung (GK 1 und GK 2) im Strömungsrohr bis zum Dampfdurchbruch bei Dampfdrücken zwischen 0.15 und 1.3 MPa.
- Aufheizung der trockenen Schüttung (GK 2) in Behälter VB 2 bis zum Dampfdurchbruch bei Dampfdrücken zwischen 0.2 bis 1 MPa.
- Aufheizung der wassergefüllten Schüttung (GK 1) im Strömungsrohr bei Dampfdrücken zwischen 0.2 und 1.3 MPa.

Die verschieden hohen Versuchsbehälter werden zur Variation der Strömungsgeschwindigkeit unabhängig vom aufgeprägten Dampfdruck eingesetzt. Am Ende der Versuche erfolgt die Trocknung der Schüttung mit warmer Luft, wobei die Luft anschließend auf 0°C abgekühlt und das Kondensat zur Bestimmung der mittleren Sättigung der Schüttung gewogen wird. In weiteren Versuchen werden zusätzlich durch Probennahmen örtliche Profile der Sättigung innerhalb der Schüttung bestimmt.

Da die Permeabilität der Braunkohle sich durch Verdichtung stark beeinflussen läßt, wird die Aufheizung als Funktion der Vorverdichtung, des Dampfdruckes und der Schichthöhe untersucht.

- Die Experimente zur Vorverdichtungs- und Dampfdruckabhängigkeit finden bei konstanter Schichthöhe in einem 4×5 Versuchsplan im Druckbereich zwischen 0.1 und 1 MPa statt. Eine konstante Schichthöhe wird verwendet, damit in allen Versuchen die 10 möglichen Meßstellen über die Zylinderhöhe (VB 2a) zur Bestimmung der zeitlichen und örtlichen Temperaturverläufe eingesetzt werden können.
- Bei der Untersuchung der Schichthöhenabhängigkeit werden Versuche sowohl im Labormaßstab (VB 2a) als auch an der Technikumsanlage (VB 5) bei 0.5 MPa Vorverdichtung, 0.6 MPa Dampfdruck und Schichthöhen zwischen 60 und 320 mm durchgeführt.

Die Bestimmung der nach der Aufheizung vorliegenden örtlichen Wassergehaltsverläufe erfolgt ebenfalls nach der langsamen Abkühlung unter Druck durch über die Schichthöhe verteilte Probennahmen.

3.4.2 Aufheizung mit Heißwasser und Dampf

Die kombinierte Aufheizung mit Heißwasser und Dampf wird bei Braunkohle für einen 4×4 Versuchsplan im gleichen Druckbereich durchgeführt (vgl. Tab. 3.4). Dabei beträgt das Verhältnis von zugeführter Wassermasse zur Masse der Rohbraunkohle in allen Fällen 0.55, wobei das Wasser vor Versuchsbeginn auf die dem später aufgebrachten Dampfdruck entsprechende Temperatur aufgeheizt wird. Auch bei dieser Versuchsreihe werden die Verläufe der Wassergehalte nach der Aufheizung bestimmt.

3.4.3 Haufwerkskenngrößen

Für die Glaskugeln GK 1 und GK 2 werden die Permeabilitäten und Passabilitäten bei Reynoldszahlen zwischen 0.4 und 430 im Strömungsrohr VB 5 vermessen. Permeabilität und Passabilität der Braunkohle werden mit Luft als Funktion des Verdichtungsdruckes in Behälter 2 bestimmt. Hierbei wird gleichzeitig der Zusammenhang zwischen Schichthöhe und Verdichtung (über 5 min bei konstantem Druck) aufgenommen, aus dem das Hohlraumvolumen als Funktion des Druckes berechnet wird.

Tabelle 3.4: Versuche zur Aufheizung und Durchströmung von Braunkohle und Glaskugeln

Meßreihe		Stoff	Verdichtung [MPa]	Fluiddruck [MPa]	Schichthöhe [m]
Aufheizung mit Dampf					
		GK 1/GK 2	-	0.15-1.30	2.0/0.25
		GK 1 ($s_0 = 1$)	-	0.2-1.30	2.0
		BK	0.1-1.0	0.2-1.00	0.25
		BK	0.5	0.60	0.06-0.32
Aufheizung mit Heißwasser und Dampf					
		BK	0.1-1.0	0.2-1.00	0.25
Permeabilitäts- und Passabilitätsmessungen					
Luft	K, η	GK 1/GK 2	-	0.2-0.60	0.02-0.08
Dampf	K_v, η_v	GK 1/GK 2	-	0.2-1.30	2.0/0.25
Luft	K, η, ε (p_s)	BK	0.1-3.2	0.2-0.60	0.1
Wasser *	K_ℓ (p_s, p_ℓ)	BK	0.1-3.0	0.2-1.00	0.10-0.25
Dampf	$K_{v,r}$, $\eta_{v,r}$ (p_s, p_v)	BK	0.1-1.0	0.2-1.00	0.25

* Messungen nach Tabelle 3.3 sowie kurzzeitige Durchströmung mit heißem und kalten Wasser im Rahmen der Untersuchung der Vorwärmung

Durch Messung des Druckabfalls einer reinen Dampfströmung im direkten Anschluß an die Aufheizung einer Schüttung ist es außerdem möglich, die relative Permeabilität und Passabilität der Dampfphase zu bestimmen, wenn die Restsättigung nach Beendigung der Aufheizung immobil und gleichmäßig über die Schüttung verteilt vorliegt. Aus diesem Grunde werden Druckabfallmessungen unter gleichzeitiger Bestimmung des Dampfmassenstromes durch Totalkondensation am Schüttungsaustritt mit beiden Glaskugelfraktionen und der Braunkohle durchgeführt. Die Auswertung dieser Versuche wird in den Kapiteln 5.1.5 und 5.2.5 detaillierter beschrieben.

Bei den Messungen mit Kohle werden die temperatur- und verdichtungsdruckabhängigen Schüttungseigenschaften berücksichtigt, indem bei allen Durchströmungsversuchen jeweils neue Proben verwendet werden. Außerdem wird bei der Durchströmung mit Dampf eine Meßreihe durchgeführt, in der eine weitere Verdichtung durch den Fluiddruck zugelassen wird, sowie eine weitere Meßreihe unter Vermeidung dieser Verdichtung während der Durchströmung. Dazu wird der Dampfdruck zunächst langsam erhöht und der Abfluß des Kondensates am Behälterablauf gedrosselt.

Die Durchströmung der Kohleschüttung mit Wasser wird in Ergänzung zu den Messungen nach Kapitel 3.3.3 auch anhand der aus den Daten der Durchströmung im Verlaufe der Vorwärmung berechneten Permeabilitäten untersucht. Zur Bestätigung dieser Messungen werden zusätzlich Versuche durchgeführt, in denen kaltes Wasser mit Luftdruck durch die Schüttung gefördert wird. Der Unterschied zwischen den in Kapitel 3.3.3 beschriebenen Langzeitversuchen und diesen kurzzeitigen Messungen wird in Kapitel 5.3.2 erläutert.

4 Entwässerung

4.1 Mechanisch/Thermische Entwässerung

Im folgenden werden die Experimente zur mechanischen Entwässerung von rheinischer Braunkohle bei Variation von Druck und Temperatur anhand der zeitlichen Verläufe des Wassergehaltes w bzw. der Beladung W dargestellt. Abbildung 4.1 zeigt beispielhaft die Verläufe von Wassergehalt und Feststoffdruck[1] p_s während der Konsolidierung einer Braunkohleprobe bei einer Temperatur von 115°C und 5 MPa Verdichtungsdruck. Die Einwaagemasse betrug 100 Gramm (Flächenbeladung $FB = 13.2\,\mathrm{kg/m^2}$). Bei diesem Versuch wurde die Schüttung zu beiden Seiten hin entwässert. Der zeitliche Nullpunkt entspricht dem ersten detektierbaren Feststoffkontakt bei $p_s \approx 0.1\,\mathrm{MPa}$.

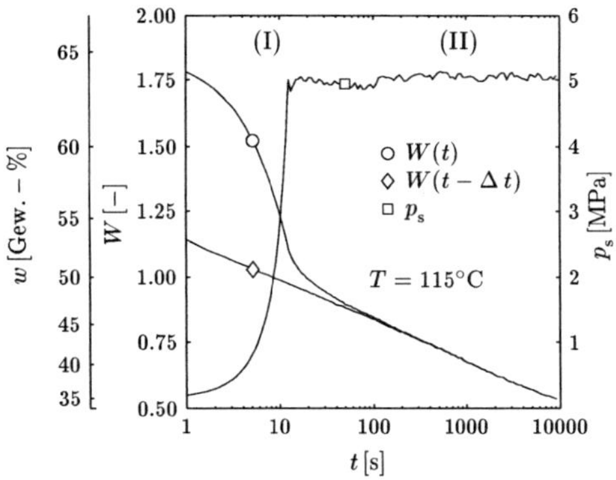

Abbildung 4.1:
Verlauf von Feststoffdruck p_s und Wassergehalt w als Funktion der Preßzeit

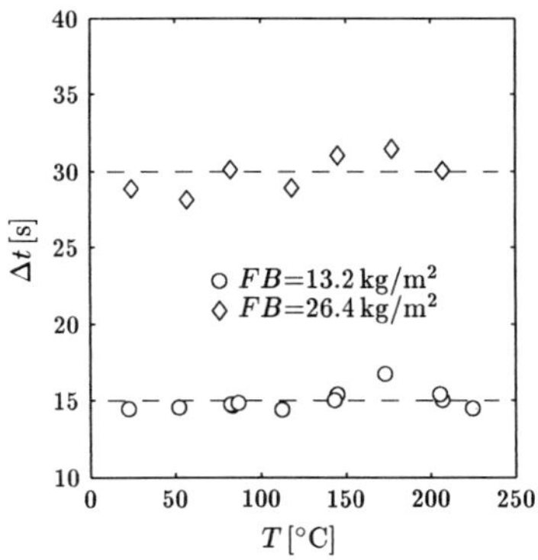

Abbildung 4.2:
Verzugszeit Δt als Funktion von Schichthöhe und Temperatur

Der Feststoffdruck p_s baut sich durch die begrenzte Geschwindigkeit der Zug-Druck-Prüfmaschine bei gleichzeitig hoher Kompressibilität des lockeren Haufwerkes zunächst langsam auf (I), da in den Versuchen mit grob aufgemahlener Kohle gearbeitet wird. Nach etwa 15 Sekunden wird der maximale Feststoffdruck erreicht, der dann über die Versuchsdauer von 10000 s gehalten wird (II).

Die Abnahme der Beladung in der Phase (I) entspricht der Reduzierung der Schichthöhe bei konstanter Kolbengeschwindigkeit. Hier bestimmt deshalb nicht der Druckabfall des abfließenden Wassers, wie für die erste Konsolidierung in Abbildung 2.6 auf Seite 11 dargestellt, die Kinetik des Verdichtungsvorganges.

Dies wird auch durch den Vergleich der Verzugszeit Δt für zwei Schichthöhen als Funktion der Temperatur in Abbildung 4.2 deutlich. Die Zeiten wurden in Anlehnung an die Tangentenkonstruktion in Abbildung 2.6 bestimmt und entsprechen mit einer Abweichung von etwa einer Sekunde der Zeit bis zum Erreichen des Endwertes des Feststoffdruckes. Dabei zeigt Δt keine Temperaturabhängigkeit, welche bei einem Einfluß der durch die Strömungsmechanik dominierten Filtration und ersten Konsolidierungsphase zu erwarten wäre.

[1] vgl. Erläuterungen auf Seite 10

Anstelle dessen verdoppelt sich die Zeit mit doppelter Schichthöhe bei gleichbleibender Kolbengeschwindigkeit. Wird der Verlauf der Beladung um die Zeit Δt verschoben, wie in Abbildung 4.1 dargestellt ($\diamond$), ergibt sich in der halblogarithmischen Darstellung von Meßbeginn an ein linearer Verlauf.

Druckmessungen innerhalb der Schüttung bei anderen Versuchen an der Technikumsanlage sowie Messungen an der Oberseite der Schüttung bei Versuchen mit einseitiger Entwässerung zeigen, daß sich keine erhöhten Flüssigkeitsdrücke aufbauen, die erste Konsolidierungsphase also vernachlässigbar kurz ist. Ursache für dieses Verhalten ist die höhere Permeabilität der gemahlenen Schüttung (siehe hierzu Kap. 4.1.6, Seite 47) im Vergleich zu den von anderen Autoren [NJ56, Dul60, BB89] eingesetzten massiven Proben.

Vergleicht man die hier gemessenen Zeiten im Sekundenbereich zum Erreichen der zweiten Konsolidierungsphase mit den Ergebnissen von TROLLOPE [TBR65] (Abb. 2.9, Seite 13) unter Verwendung massiver Proben bei ähnlicher Schichthöhe (3/4 Zoll bei TROLLOPE, $L_{eop} = 22\,\mathrm{mm}$ in Abb. 4.1), so findet der Übergang zur zweiten Konsolidierungsphase dort erst nach etwa 10 bis 20 Minuten statt.

Diese Ergebnisse lassen die Schlußfolgerung zu, daß unter den gegebenen Versuchsbedingungen der Einfluß der Filtration sowie der ersten Konsolidierungsphase auf die gesamte Verdichtungszeit vernachlässigbar ($< 1\,\mathrm{s}$) ist. Zur detaillierteren Untersuchung der die Kinetik der Entwässerung deshalb dominierenden zweiten Konsolidierungsphase werden im folgenden alle Verläufe um die Zeit Δt korrigiert dargestellt. Aus diesen Verläufen (Kap. 4.1.2) kann mit Hilfe der Feststoffdichte (Kap. 4.1.4) der zweite Konsolidierungsindex C_α, die Beladung $W_{eop} \approx W|_{t=1s}$ und analog die Porenzahl e_{eop} am Ende der ersten Konsolidierung bestimmt werden. Hierbei wird zunächst entsprechend Abbildung 2.12 (Seite 15) der zweite Konsolidierungsindex C_α als Maß für die Geschwindigkeit der Entwässerung diskutiert.

Da für die Betrachtung der Kinetik in der Bodenmechanik üblicherweise die volumenbezogenen Größen e_{eop} und C_α verwendet werden, wird ihnen auch im folgenden der Vorzug gegenüber den massenbezogenen Größen (W_{eop}, $\partial W/\log(t)$) gegeben. Bei den Vergleichen mit Literaturdaten bzgl. der Entwässerung wird entsprechend Abbildung 2.8 (Seite 12) die Beladung W_{eop} dargestellt.

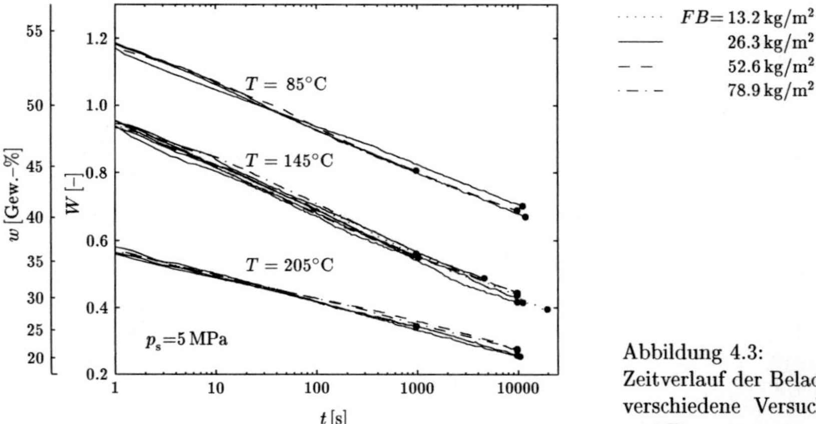

Abbildung 4.3: Zeitverlauf der Beladung für verschiedene Versuchszeiten und Einwaagemassen

4.1.1 Einfluß von Schichthöhe und Verdichtungszeit

In Abbildung 4.3 sind die Ergebnisse für Entwässerungsversuche mit verschiedenen Einwaagemassen, Prozeßzeiten sowie Temperaturen als Parameter dargestellt. Die aufgeführten Flächenbeladungen *FB* entsprechen 50, 100, 200 und 300 Gramm Einwaage in Versuchsbehälter 1.

Die gute Übereinstimmung der Verläufe bestätigt die Richtigkeit der aus Endwassergehalt (•) und zeitlichem Schichthöhenverlauf berechneten Wassergehalte. Zum anderen zeigen die Ergebnisse, daß das Feststoffkriechen in der Tat als schichthöhenunabhängig angenommen werden kann, vgl. Kap. 2.2.2. Da bei den dargestellten Versuchen das Verhältnis der Schichthöhe L_{eop} zum Durchmesser D des Versuchsbehälters kleiner als etwa 0.5 ist, und in diesem Bereich offensichtlich Wandreibungseffekte ausgeschlossen werden können, werden bei den folgenden Untersuchungen nur 100 Gramm Einwaagemasse verwendet, so daß L_{eop}/D ein Limit von 0.4 auch bei niedrigeren Drücken und Temperaturen nicht überschreitet.

Weiterhin zeigen die mehrfach durchgeführten Versuche, daß auch bei den geringen verwendeten Probenmassen eine gute Reproduzierbarkeit gewährleistet ist. Dies ist vor allem auf die Verwendung der gemahlenen Kohle zurückzuführen, da hierdurch in allen Versuchen Proben ähnlicher Beschaffenheit eingesetzt werden.

4.1.2 Temperatur-, Druck- und Zeitabhängigkeit

In den Abbildungen 4.4 und 4.5 sind die Zeitverläufe der Beladung bei unterschiedlichen Versuchstemperaturen und -drücken dargestellt. Mit steigendem Druck ist eine Abnahme der Beladung zu Beginn der zweiten Konsolidierung zu erkennen. Dabei ist die durch Druckerhöhung erzielbare zusätzliche Reduzierung der Anfangswerte (t=1 s) nahezu unabhängig von der Temperatur. Während der Verdichtung bei Umgebungstemperatur liegen alle Verläufe über dem Anfangswassergehalt der Rohkohle. Nur bei 5 MPa Verdichtungsdruck wird dieser Rohwassergehalt gegen Versuchsende wieder fast erreicht.

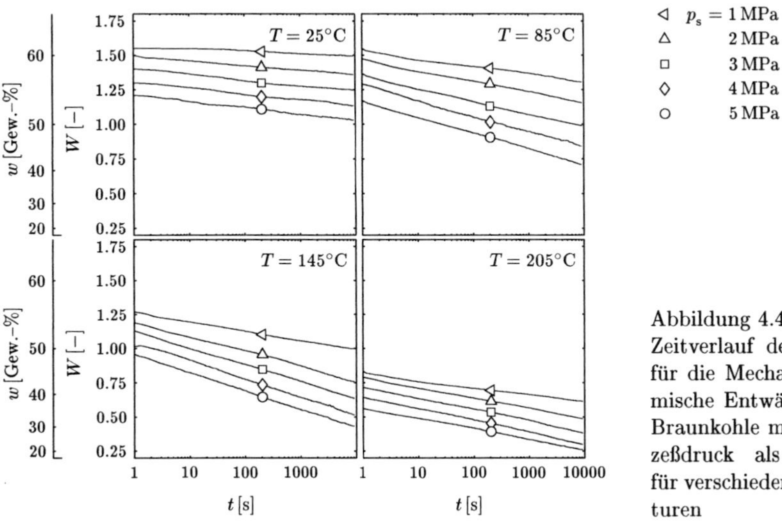

Abbildung 4.4: Zeitverlauf der Beladung für die Mechanisch/Thermische Entwässerung von Braunkohle mit dem Prozeßdruck als Parameter für verschiedene Temperaturen

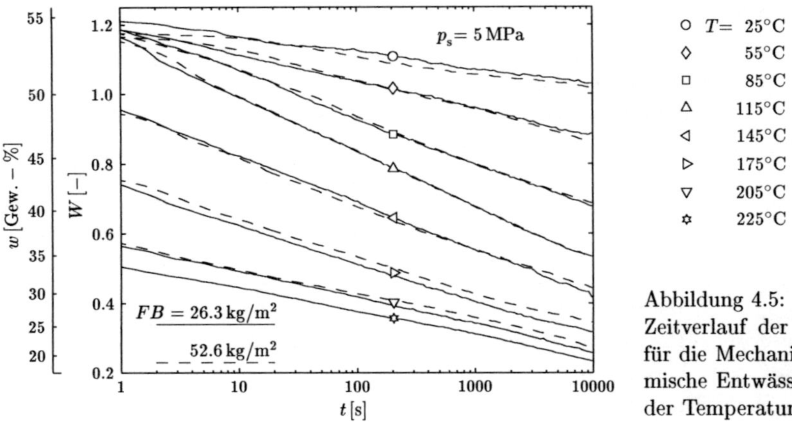

Abbildung 4.5: Zeitverlauf der Beladung für die Mechanisch/Thermische Entwässerung mit der Temperatur als Parameter

Mit steigender Temperatur bleibt die anfängliche Beladung zunächst gleich und reduziert sich erst beim Einsetzen der Thermischen Entwässerung oberhalb von 115°C, vgl. Abb. 4.5.

Anders verhält es sich mit der Konsolidierungsgeschwindigkeit. Die Verläufe in Abbildung 4.6 zeigen, daß C_α mit steigendem Druck zunächst zunimmt (a) und oberhalb von 4 MPa stagniert bzw. bei der Reihe mit der höchsten Versuchstemperatur sogar wieder leicht abnimmt. Ein ebenfalls starker Anstieg ist bei der Erhöhung der Temperatur bis 115°C zu erkennen (b). Da C_α bei etwa 115°C ein Maximum erreicht (b), verlaufen die Kurven in der druckabhängigen Darstellung (a) für höhere Temperaturen wieder auf einem niedrigeren Niveau.

Während die Zunahme von C_α mit dem Druck auf die größere treibende Kraft und die Steigerung mit der Temperatur auf die höhere Beweglichkeit der an der Deformation teilnehmenden Teilchen zurückzuführen ist, scheint die Reduzierung von C_α oberhalb von 115°C wie bei Böden an die Reduzierung der Beladung W_{eop} gekoppelt zu sein, vgl. Kap. 2.2.3, Seite 15. In den folgenden Kapiteln werden die Ursachen für das dargestellte temperatur- und druckabhängige Verhalten der Braunkohle während der Konsolidierung anhand weitergehender Untersuchungen analysiert.

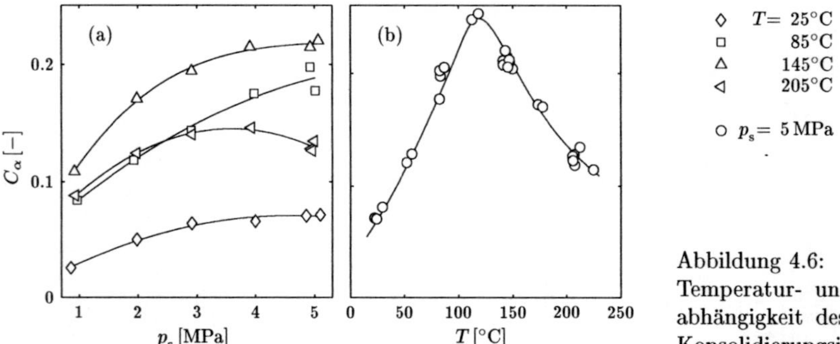

Abbildung 4.6: Temperatur- und Druckabhängigkeit des zweiten Konsolidierungsindex C_α

4.1.3 Thermische Entwässerung und Vorbehandlung

Durch die Thermische Entwässerung reduziert sich der Wassergehalt der Braunkohle bereits vor der eigentlichen mechanischen Belastung, wie die sinkenden Startwerte der Verläufe in Abbildung 4.5 zeigen. Zur Quantifizierung des reversiblen und irreversiblen Anteils der Thermischen Entwässerung wurden die in Abbildung 4.7 dargestellten Versuche zur Thermischen Entwässerung (TE) von Braunkohle in Dampfatmosphäre (△) und in Wasser (□) sowie Versuche zur mechanischen Entwässerung thermisch vorbehandelter Braunkohle (ME/TVB ♦) durchgeführt.

Die Abbildung enthält zum Vergleich auch die Wassergehalte nach der ersten Konsolidierung (○) und nach 10000 s Preßzeit (◁) für die Mechanisch/Thermische Entwässerung bei 5 MPa Verdichtungsdruck. Dieser Druck wurde gewählt, da hier auch bei niedrigen Temperaturen zu Beginn der zweiten Konsolidierung der Rohwassergehalt der Braunkohle annähernd erreicht wird und so ein direkter Vergleich mit der Thermischen Entwässerung der Rohkohle möglich ist.

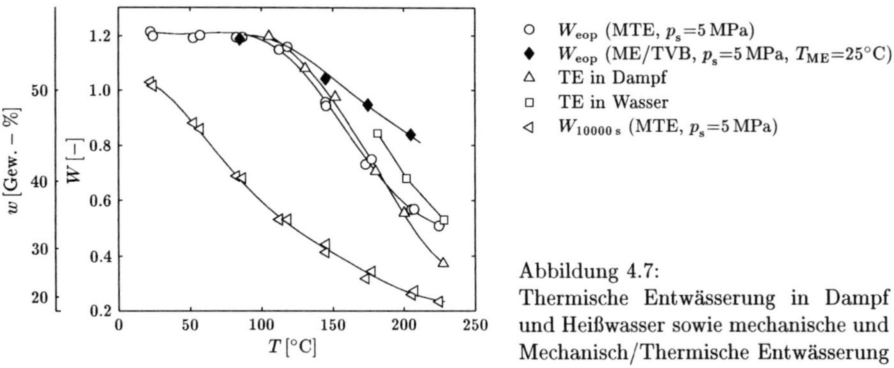

Abbildung 4.7:
Thermische Entwässerung in Dampf und Heißwasser sowie mechanische und Mechanisch/Thermische Entwässerung

Thermische und Mechanisch/Thermische Entwässerung

Alle Verläufe zeigen eine zunehmende Reduzierung des Wassergehaltes ab etwa 115°C. Der Kurvenverlauf für die Thermische Entwässerung in Wasser liegt über dem der Entwässerung in Sattdampfatmosphäre, da hier bei einer Behandlung über längere Zeit nach dem Austritt von Zersetzungsgasen wieder Wasser in die Kapillarstruktur readsorbiert werden kann.

Beim Vergleich der Thermischen Entwässerung mit der Mechanisch/Thermischen Entwässerung nach der ersten Konsolidierung ist festzustellen, daß die Wassergehalte bis 180°C gut übereinstimmen. Dies bestätigt, daß auch die Wassermenge, welche bei der Thermischen Entwässerung in Wasser innerhalb der Kohlestruktur verbleibt oder nach dem Austritt der Gase zurückströmt, sehr leicht durch die mechanische Verdichtung entfernt werden kann und somit bereits mobilisiert vorliegt.

Oberhalb von 180°C wird bei der Mechanisch/Thermischen Entwässerung durch die erste Konsolidierung deutlich weniger Wasser entfernt. Dies legt die Schlußfolgerung nahe, daß die mechanische Verdichtbarkeit durch den größeren Widerstand des Feststoffgerüstes der Kohle und den höheren Druckabfall des abfließenden Wassers in diesem Bereich bereits reduziert ist. Zum anderen findet die Verdichtung unter Wasseratmosphäre statt, so daß anders als bei der Thermischen Entwässerung in Dampf nach der Aufheizung wieder Wasser in die zuvor durch Gasaustritte entwässerten Poren zurückfließen kann. Die Werte für die Mechanisch/Thermische Entwässerung liegen deshalb im Bereich der Ergebnisse der Thermischen Entwässerung in Wasser.

Bei der Thermischen Entwässerung in Dampf wirkt weder der Feststoffwiderstand limitierend, noch kann Wasser in die Porenstruktur zurückfließen. Deshalb sinkt der Wassergehalt bei nahezu gleichbleibendem Gefälle bis zur höchsten untersuchten Temperatur weiter ab, da durch die zunehmende Zerstörung funktioneller Gruppen Wasser weiter freigesetzt und durch Gasentwicklung ausgetrieben wird. Dabei nähern sich die Wassergehalte wieder den Endwerten (10000 s) der bei niedrigeren Temperaturen effektiveren Mechanisch/Thermischen Entwässerung an.

Insgesamt liegen die Ergebnisse der Thermischen Entwässerung um $\Delta W \approx 0.2$ kg/kg niedriger als die der in Abbildung 2.4 (Seite 9) dargestellten Messungen von MURRAY und EVANS mit australischen Kohlen, was durch Unterschiede im Anfangswassergehalt und im Aschegehalt erklärt werden kann, vgl. auch Kap. 4.3.

Mechanische Entwässerung thermisch vorbehandelter Braunkohle

Bei der mechanischen Entwässerung thermisch vorbehandelter Kohle fällt die Reduzierung des Wassergehaltes am geringsten aus, da die Kohle nach 1200 s Behandlung bei der entsprechenden Temperatur unter Wasser abgekühlt wird und währenddessen auch wieder Wasser aufnimmt. Der Vergleich dieser Ergebnisse (♦) mit denen der Thermischen und Mechanisch/Thermischen Entwässerung (△,○) zeigt, daß bei 200°C das Verhältnis von reversibel zu irreversibel entferntem Wasser etwa 1:1 beträgt.

Die zeitabhängigen Verläufe der Verdichtung thermisch vorbehandelter Kohle in Abbildung 4.8 (a) zeigen weiterhin, daß durch die irreversible Zerstörung von Teilen des Feststoffes und die dadurch verursachte Reduzierung des Wassergehaltes der zweite Konsolidierungskoeffizient C_α (b) mit zunehmender Vorbehandlungstemperatur bzw. abnehmendem Anfangswassergehalt sinkt, vgl. auch Abb. 2.12 (C,a) auf Seite 15.

4.1.4 Zersetzung

Eine Quantifizierung der Zersetzung ist durch die Betrachtung des Verlustes an Trockenmasse in Abbildung 4.9 (a) sowie die Untersuchung der Belastung des Abwassers mit organischen Substanzen über den CSB-Wert in Abbildung 4.9 (b) möglich. Abbildung 4.9 (a) enthält neben den Trockenmasseverlusten der durchgeführten MTE-Versuche auch Vergleichsdaten von Untersuchungen der Thermischen Entwässerung aus der Literatur [DA92, ME72].

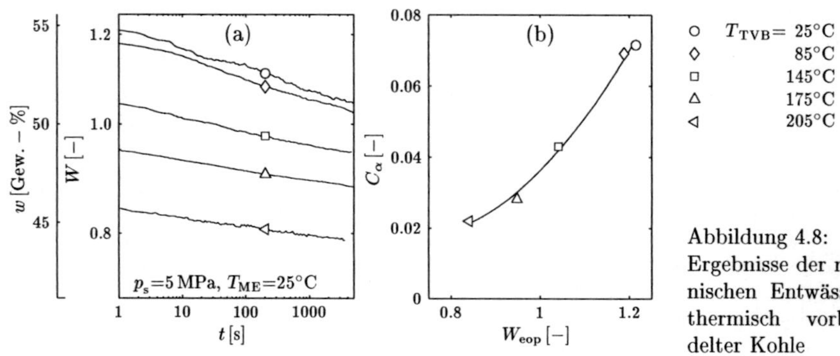

Abbildung 4.8: Ergebnisse der mechanischen Entwässerung thermisch vorbehandelter Kohle

Mit steigender Temperatur reduziert sich die Feststoffmasse während der Versuche vor allem durch die thermische Zersetzung organischer Kohlebestandteile, die partiell gasförmig austreten, zum Großteil aber gelöst im Abwasser vorliegen. Zusätzlich werden mit dem Wasser gelöste Salze ausgetragen, die entweder zuvor nicht gebunden sind, oder nach der Zerstörung funktioneller Gruppen frei werden, z. B. Na^+ aus $-COO^-Na^+$ Gruppen bei gleichzeitiger CO_2-Abspaltung.

Des weiteren sind geringe Filterverluste nicht zu vermeiden, da in den Verdichtungsversuchen gemahlene Kohle eingesetzt wurde. In Abbildung 4.9 (a) ist zu erkennen, daß zwischen 20 und 100°C, wenn keine Zersetzung stattfindet, diese Verluste jedoch nur etwa ein Prozent der eingesetzten Trockensubstanz betragen. Wesentlich höher sind die mit der Temperatur zunehmenden Verluste durch thermische Zersetzung, welche bei den Literaturdaten zwischen 150 und 350°C im Bereich von 2 bis über 20 Prozent liegen. Durch die Limitierung der Versuchstemperatur auf den auch technisch sinnvollen Bereich unterhalb von 230°C können diese Verluste den eigenen Messungen zufolge auf maximal 6 Prozent reduziert werden.

Zwar fanden Dunne und Agnew [DA92], daß trotz der großen Menge an Zersetzungsprodukten 98% der in der Kohle enthaltenen chemischen Energie erhalten bleiben, da hauptsächlich funktionelle Sauerstoffgruppen betroffen sind. Allerdings führen auch die geringen Mengen freigesetzter höhermolekularer Kohlenwasserstoffe im Abwasser dazu, daß oberhalb von 230°C arbeitende Prozesse wie das Fleißnerverfahren anlagentechnisch nicht realisierbar sind, da Apparate unverhältnismäßig stark verschmutzen und die Abwasseraufbereitung hohe Kosten verursacht.

Die Zersetzung ist besonders im Bereich von 150 bis 200°C noch relativ langsam [DA92] und auch die Abwasserbelastung fällt geringer aus (vgl. Abb. 4.9 (b)), so daß die Mechanisch/Thermische Entwässerung hier einen weiteren Vorteil gegenüber der Thermischen Entwässerung bietet, die immer auf lange Behandlungszeiten bei hoher Temperatur angewiesen ist. Untersuchungen des MTE-Abwassers im Pilotmaßstab [SBB98a] haben gezeigt, daß allein durch die Verwendung des heißen Prozeßwassers bei der Vorwärmung der Kohle (vgl. Abb. 1.1, Seite 1) die Abwasserbelastung halbiert wird. Eine anschließende biologische Reinigung führt zu CSB-Werten unterhalb von 50 mg/ℓ.

Da ein Teil der Zersetzungsgase durch die Konsolidierung nicht aus der Braunkohle ausgetrieben wird, soll hier auch die Dichte der Preßlinge weiter untersucht werden. Die Darstellung der aus einer Volumenbilanz der Preßlinge nach Versuchsende berechneten scheinbaren Feststoffdichten $\langle \varrho_{s.tr} \rangle$ in Abbildung 4.10 zeigt eine geringe Abnahme mit der Temperatur.

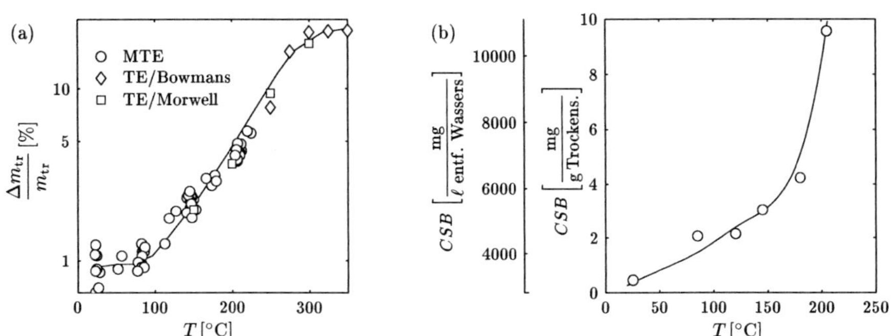

Abbildung 4.9:
(a) Massenverlust bei der Mechanisch/Thermischen (eigene Versuche ○) und Thermischen Entwässerung ([DA92] ◇, [ME72] □) (b) Chemischer Sauerstoffbedarf des MTE-Abwassers

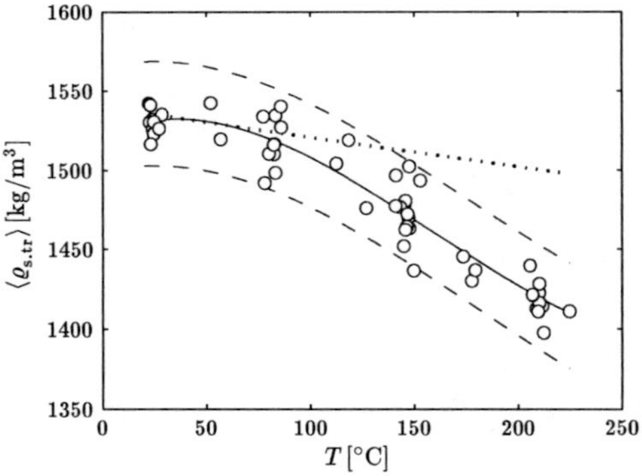

Abbildung 4.10:
Reduzierung der scheinbaren Feststoffdichte bei der thermischen Behandlung von Braunkohle:

- ○ Meßwerte
- – Regression
- -- ±3% (Meßfehler Schichthöhe)
- ··· Wärmedehnung (berechnet)

Zum Vergleich ist im Diagramm auch der mit einem linearen Wärmeausdehnungskoeffizienten von $\alpha{=}42{\cdot}10^{-6}K^{-1}$ [BF46, ZK54] berechnete Verlauf (···) eingezeichnet. Aus der Differenz zur Regression der Meßwerte (–) läßt sich für 200°C ein Gasvolumenanteil von 9.3 Prozent abschätzen, welcher im Feststoff auch nach der Verdichtung verbleibt. Zur Berücksichtigung dieses Effektes werden deshalb die bei der Untersuchung der Konsolidierung verwendeten volumetrischen Größen mit der Dichte entsprechend der Regressionsfunktion

$$\langle \varrho_{\mathrm{s.tr}} \rangle = C_1 T^3 + C_2 T^2 + C_3 T + C_4 \qquad (4.1) \qquad \begin{aligned} C_1 &= 1.921 \cdot 10^{-5} \\ C_2 &= -9.093 \cdot 10^{-3} \\ C_3 &= 5.723 \cdot 10^{-1} \\ C_4 &= 1.522 \cdot 10^{+3} \end{aligned}$$

$$\langle \varrho_{\mathrm{s.tr}} \rangle \left[\tfrac{\mathrm{kg}}{\mathrm{m}^3}\right] \quad \text{für } 25 < T\,[^\circ\mathrm{C}] < 225$$

berechnet. Die gestrichelten (--) Linien in Abbildung 4.10 geben einen durch die Ungenauigkeit der Schichthöhenmessung (±0.2 mm) verursachten Meßfehler von ± 3 Prozent an. Unter Berücksichtigung dieses Bereiches entsprechen die berechneten Dichten für Umgebungstemperatur gut der von Rheinbraun bestimmten Feststoffdichte von 1540 kg/m³.

4.1.5 Mechanische Eigenschaften

Zur geologischen Einordnung der Kohle kann die Druckabhängigkeit der Konsolidierung herangezogen werden. In Abbildung 4.11 ist der Wassergehalt am Ende der ersten Konsolidierungsphase als Funktion des Feststoffdruckes dargestellt, Parameter ist die Prozeßtemperatur. Zum Vergleich zeigt die Abbildung auch die Erstbelastungskurve (a), die aus den Daten von NEUMANN und JACOB [NJ56] (vgl. Abb. 2.8 (a), Seite 12) bestimmt wurde.

Diese Erstbelastungskurve liegt für höhere Drücke geringfügig unterhalb der bei Umgebungstemperatur gemessenen Werte (○), da bei den Versuchen von NEUMANN über eine Zeit von 24 Stunden verdichtet wurde, also ein Teil der zweiten Konsolidierungsphase enthalten ist. Wird der zweite Konsolidierungskoeffizient C_α für die ungemahlene Kohle entsprechend den Ergebnissen von TROLLOPE et al. [TBR65] (vgl. Abb. 2.9, Seite 13) auf $C_\alpha \approx 0.04$ abgeschätzt, so ergibt sich der korrigierte Verlauf der Erstbelastungskurve (b), der im oberen Druckbereich gut mit den Meßdaten übereinstimmt.

Obwohl der maximale Vorbelastungsdruck aufgrund des eingeschränkten Meßbereiches nach einer der in Kapitel 2.2.2 beschriebenen Methoden graphisch nicht genau bestimmt werden kann, ist eine Abschätzung möglich.

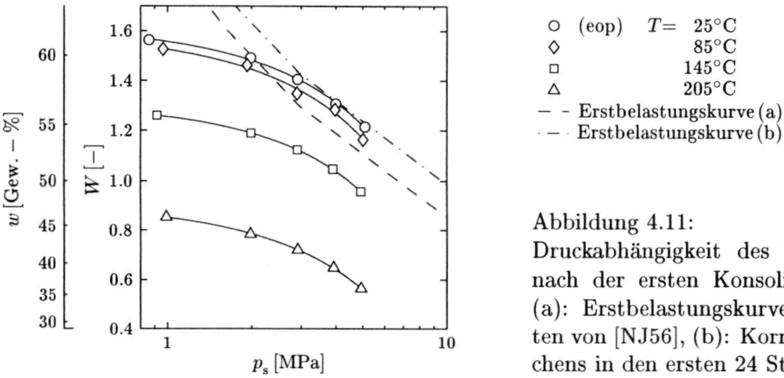

Abbildung 4.11:
Druckabhängigkeit des Wassergehaltes nach der ersten Konsolidierungsphase. (a): Erstbelastungskurve nach den Daten von [NJ56], (b): Korrektur des Kriechens in den ersten 24 Stunden

Ausgehend von einem Anfangswassergehalt von 53.1 Gew.-% (Tab. 3.1) und der Verschiebung der Beladungskurve zu höheren Werten durch die höhere Anfangsporosität der gemahlenen Schüttung zeigt die Abbildung, daß zum einen bei 5 MPa der Anfangswassergehalt wieder fast erreicht wird und zum anderen ab 4 MPa die Beladung im Bereich der korrigierten Erstbelastungskurve verläuft. Damit sollte der scheinbare Vorbelastungsdruck p_C der Braunkohle also zwischen 4 und 5 MPa betragen.

Diese Betrachtung zeigt, daß es sich bei der rheinischen Braunkohle im Vergleich zu den in Abbildung 2.8 dargestellten Braunkohlen um eine stark überkonsolidierte Kohle handelt. Dies ist auch eine weitere Erklärung für die Dominanz der zweiten Konsolidierungsphase bzgl. der Kinetik der Verdichtung. Eine meßbare erste Konsolidierungsphase kann nämlich erst bei Drücken oberhalb des Vorkonsolidierungsdruckes p_C auftreten, vgl. auch Kap. 4.1.6.

Durch die Thermische Entwässerung reduziert sich der Wassergehalt der Kohle wie oben dargestellt schon vor der eigentlichen mechanischen Belastung, so daß beim Vergleich mit der normalen Erstbelastungskurve (25°C) von einer thermischen Überkonsolidierung [CM68, Paa67] gesprochen werden kann. Die Druckabhängigkeit bleibt bei den hier dargestellten Untersuchungen abgesehen von der Verschiebung zu niedrigeren Wassergehalten jedoch gleich.

4.1.6 Permeabilität

Obwohl bei den durchgeführten Messungen keine genauere Analyse der sehr kurzen ersten Konsolidierungsphase möglich ist, lassen Messungen der Permeabilität des verdichteten Haufwerkes Rückschlüsse auf die Verbesserung der Durchströmbarkeit der gemahlenen Kohle im Vergleich zu massiven Proben zu. In Abbildung 4.12 sind die Ergebnisse der Permeabilitätsmessungen als Funktion der Wasserbeladung bei vier Temperaturen den Ergebnissen von ANAGNOSTOPOULOS [Ana82] und ROSENGREN [Ros63] mit griechischer bzw. australischer Braunkohle gegenübergestellt. Für beide Kohlen berechneten die Autoren die mittlere Permeabilität bei der Verdichtung für eine Druckstufe mit Hilfe der Konsolidierungstheorie von TERZAGHI (vgl. Kap. 2.2.3, Seite 13) aus dem zeitlichen Verlauf der Entwässerung in der ersten Konsolidierungsphase.

Da bei den Messungen mit rheinischer Kohle zu Beginn eine nicht verdichtete, lockere Schüttung vorliegt, zeigen sich in den Verläufen zwei ausgeprägte Bereiche: Zum ersten die Durchströmung der lockeren Schüttung, in der bei großem Hohlraumvolumen die Permeabilität entsprechend hoch ist. Später, d. h. im durch lineare Ausgleichsfunktionen gekennzeichneten Bereich der Permeabilität, ist diese Schüttung soweit verdichtet, daß die einzelnen Partikel deformiert werden und die eigentliche mechanische Entwässerung der Kohle beginnt.

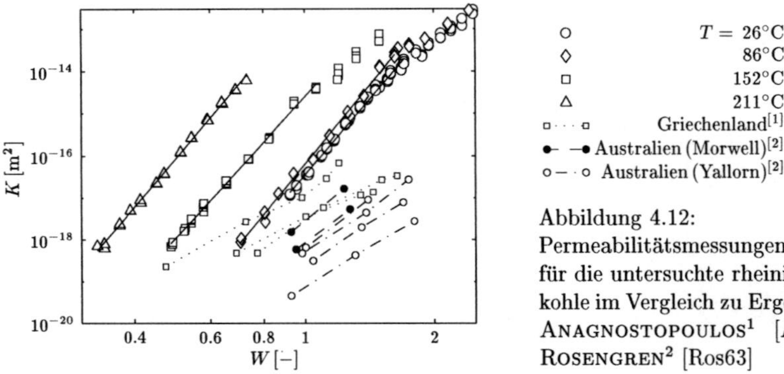

Abbildung 4.12: Permeabilitätsmessungen mit Wasser für die untersuchte rheinische Braunkohle im Vergleich zu Ergebnissen von ANAGNOSTOPOULOS[1] [Ana82] und ROSENGREN[2] [Ros63]

In diesem Bereich ist durch die Aufmahlung die Permeabilität noch wesentlich größer als in der Rohkohle, so daß auch bei der Konsolidierung das Wasser leichter abgeführt werden kann. Erst im stark überkonsolidierten Bereich wird wieder die Permeabilität der Rohkohle erreicht. Diese liegt entsprechend einer Beladung von 1.13 bei etwa $5 \cdot 10^{-17} m^2$.

Mit steigender Temperatur verschieben sich die Kurven in Abbildung 4.12 durch die Schrumpfung während der Thermischen Entwässerung zu niedrigeren Wassergehalten, die prinzipiellen Verläufe bleiben aber erhalten. Daraus wird deutlich, daß die Aufmahlung der Kohle nicht nur für die direkte Aufheizung erforderlich ist (vgl. Kap. 5.2), sondern auch bzgl. der Kinetik der Abfuhr freigesetzten Wassers erheblich zur Beschleunigung des Prozesses der Mechanisch/Thermischen Entwässerung beiträgt, da die Schüttung im gesamten Entwässerungsbereich gegenüber der Rohkohle eine wesentlich erhöhte Permeabilität aufweist.

Angesichts der linearen Permeabilitätsverläufe für alle Kohlen in der doppeltlogarithmischen Darstellung in Abbildung 4.12 ist des weiteren fraglich, ob die Auswertung von Permeabilitätsmessungen mittels exponentieller Zusammenhänge entsprechend $K = C_1 \exp(C_2 W)$ [Ros63, Ana82, BB89] bei Braunkohle gerechtfertigt ist, besonders wenn daraus die Permeabilität der Rohkohle durch Extrapolation bestimmt wird [Ros63]. Angemessener erscheint ein Ansatz der Form $K = C_1 W^{C_2}$, da so neben den hier gemessenen Werten auch die dargestellten Literaturdaten besser beschrieben werden.

4.1.7 Trockenkohle

Die zeitlichen Entwässerungsverläufe haben eine Reduzierung der Entwässerungsgeschwindigkeit mit abnehmendem Wassergehalt zu Beginn der ersten Konsolidierungsphase (Abb. 4.5, Seite 42) gezeigt und die mechanische Verdichtbarkeit bei höheren Temperaturen erreicht eher einen Grenzwert als die Thermische Entwässerung (Abb. 4.7, Seite 43). Im folgenden soll deshalb der Einfluß des Feststoffgerüstes auf die Verdichtung der Braunkohle näher untersucht werden. Zu diesem Zweck wurden Verdichtungsversuche mit trockener Kohle bei verschiedenen Temperaturen durchgeführt.

In Abbildung 4.13 sind die Konsolidierungskurven bei konstanter Verdichtungsgeschwindigkeit (0.5 mm/min) und 80°C für feuchte Rohkohle und trockene Kohle gegenübergestellt.

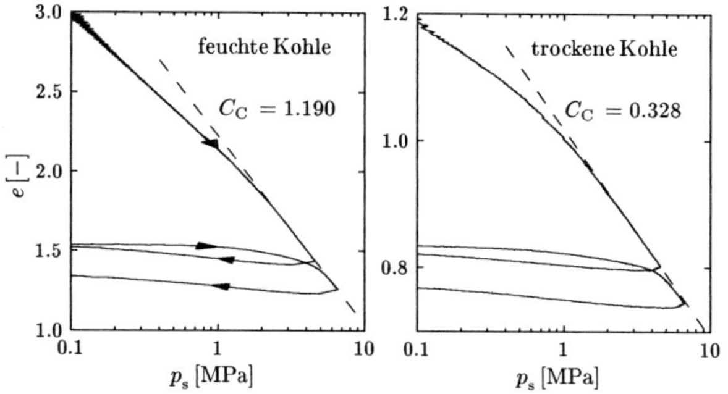

Abbildung 4.13:
Vergleich der Verdichtung feuchter und trockener Kohle bei konstanter Verdichtungsgeschwindigkeit und 80°C.

Durch die Schrumpfung des Kohlegerüstes während des Wasserentzugs bei der vorangegangenen Trocknung beginnt die Kurve der Trockenkohle bereits bei einer um 60 Prozent reduzierten Porenzahl e. Gleichzeitig ist der erste Konsolidierungsindex C_C sogar um 72 Prozent geringer, da die Kohle durch den Zusammenbruch des Porensystems bereits hoch verdichtet ist.

Abbildung 4.14 (a) zeigt für drei Verdichtungsdrücke den Vergleich zwischen den Porenzahlen der feuchten Kohle während der Konsolidierung (○◇□) und der Porenzahl der Preßlinge nach der Trocknung im Trockenschrank (☆) sowie der Porenzahl bei der Verdichtung trockener Kohle (●,◁).

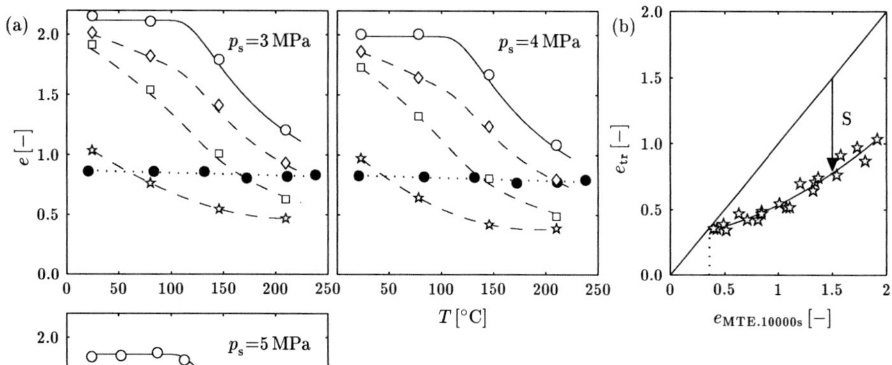

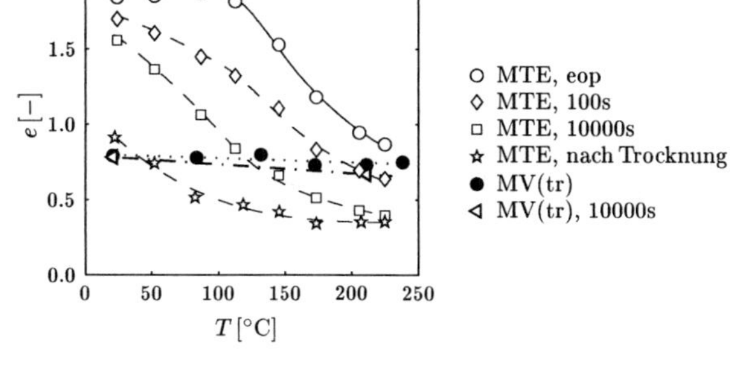

Abbildung 4.14:
(a): Temperatur- und Druckabhängigkeit der Porenzahl nach der Mechanisch/Thermischen Entwässerung bzw. Trocknung im Vergleich zur Verdichtung trockener Kohle
(b): Schrumpfung (↓S) als Funktion der Porenzahl nach der Verdichtung

Die Tatsache, daß fast alle Werte für die mechanische Verdichtung trockener Kohle (•,◁) über den minimalen Werten der Verdichtung feuchter Kohle (☆) liegen, zeigt, daß die durch die Aufmahlung geschaffene zusätzliche Porosität nur bei Verdichtung in feuchtem Zustand effektiv entfernt werden kann, wenn noch Wasser als „Gleitmittel" zwischen den Feststoffbestandteilen vorhanden ist, vgl. auch [AV37, KN78]. Auf die Messungen des Feststoffkriechens (◁) bei niedrigen Verdichtungsdrücken wurde hier verzichtet, da schon bei 5 MPa nahezu kein Kriechen mehr stattfindet. Da während der Mechanisch/Thermischen Entwässerung bei höheren Temperaturen durch die Zersetzung die Poren schon vor der Verdichtung teilweise mit Gas gefüllt werden, sollte dies auch eine Ursache für die Reduzierung von C_α oberhalb von 115°C sein.

Braunkohleschrumpfung

EVANS [Eva73b] führte Messungen der Schrumpfung über den gesamten Wassergehaltsbereich der Rohkohle durch und fand, daß unterhalb von W=0.4 (e=0.62) bei Kapillardurchmessern von 30 nm die Schrumpfung zunächst etwa dem Volumen des entfernten Wassers entspricht. Dies führte er auf die Zerstörung der in Abbildung 2.3 dargestellten räumlichen Anordnung der mizellaren Struktur durch die Ausbildung neuer, kürzerer Wasserstoffbrückenbindungen bei der Entfernung des um die Mizellen herum gebundenen Wassers zurück. Weiterhin stellte er bei W=0.16 (e=0.25) eine maximale Schrumpfung von 4 cm^3/cm^3 entfernten Wasservolumens fest. Bei der Entfernung des in Monolayern gebundenen Wassers blieb dann das Volumen der Kohle nahezu gleich.

Da anders als in den von EVANS beschriebenen Versuchen in dieser Untersuchung nicht die Schrumpfung als Funktion des Wassergehaltes *einer* Kohleprobe, sondern die Schrumpfung als Funktion des Endwassergehaltes nach der mechanischen Verdichtung untersucht wird, gibt der Verlauf in Abbildung 4.14 (b) ein integrales Maß für die gesamte noch auftretende Schrumpfung (S: $e_{\mathrm{MTE.10000s}} - e_{\mathrm{tr}}$) nach der Mechanisch/Thermischen Entwässerung an. Hieraus wird deutlich, daß bei einem gegenüber den Ergebnissen von EVANS erhöhten Wert von $e = 0.36$ (W=0.23) die Schrumpfung gegen Null geht. In diesem Bereich ist demnach auch bei der Konsolidierung mit größeren Behinderungen durch den Feststoff zu rechnen. Darüber hinausgehende Volumenreduzierungen sind nur durch die Feststoffstruktur zerstörende Drücke möglich.

Readsorption

In Abbildung 4.15 ist der Verlauf der Beladung von MTE-behandelter Kohle nach Trocknung und zweiwöchiger Lagerung bei Umgebungsbedingungen (25°C, 40 Prozent relative Luftfeuchtigkeit) als Funktion der Prozeßtemperatur dargestellt.

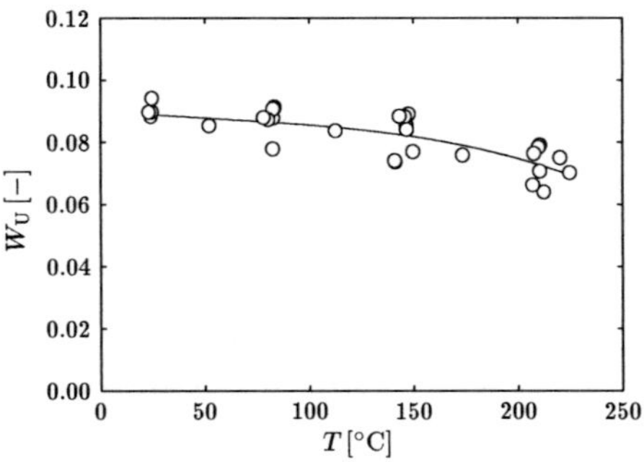

Abbildung 4.15:
Beladung nach Mechanisch/Thermischer Entwässerung, Trocknung und Lagerung unter Umgebungsbedingungen

Der Wert von W=0.09 bei niedrigen Behandlungstemperaturen entspricht auch den Ergebnissen anderer Autoren [Eva73a, RQ88]. Darüber hinaus ist mit steigender Temperatur eine geringe Abnahme der readsorbierten Wassermenge festzustellen, welche auf den thermischen Abbau funktioneller, sauerstoffhaltiger Gruppen zurückzuführen ist.

4.2 Kinetik der Konsolidierung

Die experimentellen Ergebnisse haben gezeigt, daß bei der Mechanisch/Thermischen Entwässerung der Verdichtungsvorgang durch das „Kriechen" des Materials in der zweiten Konsolidierungsphase dominiert wird, welches sich durch einen linearen Verlauf der Beladung oder Porenzahl in der Auftragung über dem Logarithmus der Zeit beschreiben läßt. Weiterhin deuten die Untersuchung der thermischen Vorbehandlung und der Schrumpfung der Kohle darauf hin, daß der Feststoffwiderstand im gesamten Bereich die Kinetik der Konsolidierung beeinflußt, aber erst bei W=0.23 die Wasserentfernung limitiert. Das Verhalten von C_α als Funktion von Temperatur und Druck zeigt sowohl die Beschleunigung der Konsolidierung durch erhöhte Drücke und Temperaturen als auch die Reduzierung der Geschwindigkeit bei abnehmender Porenzahl.

Guo et al. [GTU99] sowie Murase et al. [MIB+89] kamen bei ihren Untersuchungen australischer Braunkohle zu dem Ergebnis, daß sich der zeitliche Verlauf der Verdichtung gut mit dem von Shirato et al. [SMIN86] erweiterten Terzaghi-Voigt Modell (vgl. Kap. 2.2.3) beschreiben läßt und fanden eine von allen Prozeßparametern unabhängige Zeitkonstante t_C von 3330 Sekunden [GTU99] bzw. 2440 Sekunden [MIB+89] für die zweite Konsolidierungsphase. Die Versuchsdurchführung von Guo et al. ähnelt der hier verwendeten, da zunächst bei konstanter Verdichtungsgeschwindigkeit und anschließend bei konstantem Druck (jedoch nur über 20 min) verdichtet wurde. Obwohl Murase et al. auch Gleichgewichtswassergehalte als Funktion des Verdichtungsdruckes angeben, wird die dazugehörige Preßzeit nicht erwähnt.

In Anbetracht der kurzen Meßzeiten von Guo et al. im Verhältnis zur gefundenen Zeitkonstante erscheint die Anpassung mit einer Exponentialfunktion entsprechend Gleichung 2.3 als nicht angemessen, da auch die im Rahmen dieser Untersuchung beobachteten Zeitverläufe bei wesentlich längeren Meßzeiten nicht auf eine Gleichgewichtseinstellung hindeuten. Aus diesem Grunde soll die weitere Analyse der Kinetik anhand der *Rate Process Theory* erfolgen, da hierbei zunächst nur die Konsolidierungsgeschwindigkeit betrachtet wird.

4.2.1 Konsolidierung als aktivierter Prozeß

Bei der Anwendung der *Rate Process Theory* auf die Konsolidierung von feuchten, porösen Medien muß sichergestellt sein, daß gleiche oder zumindest „ähnliche" Probenzustände verglichen werden. Da weder die genaue Struktur des Feststoffes bekannt ist, noch eine einfache Charakterisierung der strömungsmechanischen Vorgänge auf mikroskopischer Ebene möglich ist, sollen im folgenden zwei unterschiedliche Definitionen dieser „Ähnlichkeit" untersucht werden.

Ein üblicherweise hierbei angewendetes Kriterium ist die Untersuchung von Proben bei gleicher Porenzahl [MCS68]. Dazu wird die Konsolidierungsgeschwindigkeit $\dot{e}$ einer Probe zum Zeitpunkt einer Druck- oder Temperaturerhöhung (Vor- und Zurück-Extrapolation von $\dot{e}$ auf den Zeitpunkt der Änderung) oder, wie im folgenden, $\dot{e}$ bei verschiedenen Versuchen für gleiche Werte von e verglichen.

Aus den Gleichungen 2.8 und 2.9 läßt sich entsprechend Kapitel 2.2.3 (Seite 17 f.) unter Verwendung von $-\dot{e} \sim \Delta u$ und $\sinh\left(\frac{\tau\lambda^3}{2kT}\right) \approx \frac{1}{2}\exp\left(\frac{\tau\lambda^3}{2kT}\right)$ für die Bestimmung der experimentellen freien Aktivierungsenthalpie ΔG_{exp} bei konstanter Porenzahl unter Variation der Temperatur der Zusammenhang

$$\left.\frac{\partial \ln(-\dot{e}/T)}{\partial(1/T)}\right|_{e=\text{const}} = -\frac{\Delta G^{(1)}_{\text{exp}}}{R} \tag{4.2}$$

ableiten, in dem $\Delta G^{(1)}_{\text{exp}}$ gegenüber ΔG entsprechend

$$\Delta G^{(1)}_{\text{exp}} = \Delta G - \frac{1}{2}\tau\,\lambda^3\,N \tag{4.3}$$

reduziert ist [MCS68]. Mit der Näherung $\sinh\left(\frac{\tau\lambda^3}{2kT}\right) \approx \left(\frac{\tau\lambda^3}{2kT}\right)$ dagegen ergibt sich [GLE41]

$$\left.\frac{\partial \ln(-\dot{e})}{\partial(1/T)}\right|_{e=\text{const}} = -\frac{\Delta G^{(2)}_{\text{exp}}}{R}\,. \tag{4.4}$$

Die Ergebnisse der linearen Regression (für Gl. 4.2 in Abb. 4.16 (a)) beider Gleichungen sind in Abbildung 4.16 (b) dargestellt. Die gute Übereinstimmung der berechneten Werte läßt darauf schließen, daß der Ausdruck $\frac{\tau\lambda^3}{2kT}$ in Gleichung 2.8 in der Größenordnung von 1 liegt, und so beide Gleichungen eine gute Näherung zur Bestimmung der Aktivierungsenthalpie darstellen, vgl. Kap. 2.2.3 bzw. [GLE41, MCS68].

Tabelle 4.1: Experimentell bestimmte Aktivierungsenthalpien

Material	Aktivierungs-enthalpie [kJ/mol]	
Wasser	10-20	[GLE41]
Kunststoffe	29-57	[RE58]
Bitumen	58-83	[HJ63]
Ton	94-110	[CW64]
Böden	100-185	[MCS68]

Mit abnehmender Porenzahl sind in Abbildung 4.16 (b) zunehmende Werte für ΔG_{exp} zu verzeichnen. Die Aktivierungsenthalpien liegen dabei zwischen den Ergebnissen von Herrin und Jones für Bitumen (vgl. Tab. 4.1) und denen von Mitchell et al. bei der Konsolidierung von Böden. Mitchell et al. [MCS68] sowie Christensen und Wu [CW64] folgerten aus der Höhe der Aktivierungsenthalpie, daß direkte Feststoff-Feststoff Kontakte vorliegen müssen, welche die Kinetik der Deformation bestimmen.

Da die Untersuchung des Entwässerungsvorganges jedoch gezeigt hat, daß bei den hier ausschließlich betrachteten *höheren* Porenzahlen nur eine geringe Beeinflussung durch den Fest-

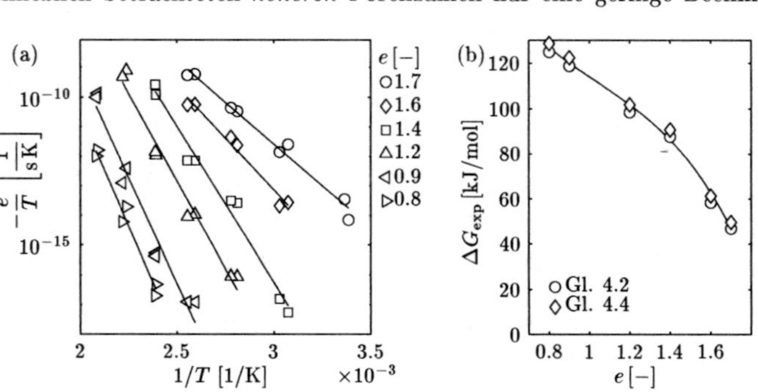

Abbildung 4.16: Experimentelle Bestimmung der freien Aktivierungsenthalpie ΔG_{exp}

stoff vorliegt und außerdem auch die geringsten für $\Delta G_{\exp}$ bestimmten Werte wesentlich höher liegen, als der aus Viskosität und Dichte nach

$$\Delta G_{\ell} = +R\,\frac{\partial \ln\left(\mu_{\ell}\,V_{\mathrm{M}}\right)}{\partial\left(1/T\right)} \tag{4.5}$$

(aus Gl. 2.9) berechnete Mittelwert von 13.2 kJ/mol für die Aktivierungsenthalpie von Wasser im Temperaturbereich von 25 bis 120°C, sollte die Art der Bestimmung der Aktivierungsenthalpie genauer analysiert werden.

Problematisch ist besonders die Abhängigkeit der Kriechrate von der Zeit durch die Reduktion der Größe wasserabführender Zwischenräume und die Erhöhung des vom Material (Feststoff und adsorbiertes Wasser) statisch getragenen Druckanteiles. Hier führt die Untersuchung der Kriechgeschwindigkeit bei gleicher Porenzahl nur dann zu vernünftigen Ergebnissen, wenn die Temperaturerhöhung keine Verschiebung des Gleichgewichtszustandes bewirkt.

Die Ergebnisse des Schwellverhaltens von Tonen zeigen jedoch, daß eine solche Verschiebung auch schon bei niedrigen Temperaturen stattfindet (vgl. Kap. 2.2.3, Seite 15). Diese ist unter anderem bei größeren Mengen adsorbierten Wassers durch die Mobilisierung der vorher nahezu unbeweglichen Wasseranteile erklärbar. Die Annahme einer Mobilisierung durch den Anstieg der kinetischen Energie bei höheren Temperaturen wird auch durch die Untersuchung feinstkörniger Stoffe mittels Durchströmungs- und Filtrationsexperimenten bestätigt [TK94, BBS99c, BBS99b].

Obwohl auch im Rahmen der durchgeführten Konsolidierungsversuche kein endgültiges Gleichgewicht erreicht wird, lassen die Ergebnisse dennoch auf eine solche Verschiebung des Gleichgewichtes schließen. Alternativ erscheint deshalb die direkte Betrachtung des zweiten Konsolidierungskoeffizienten entsprechend seiner Definition

$$\dot{e} = -\frac{C_{\alpha}}{t}\,\frac{1}{\ln 10} \tag{4.6}$$

sinnvoll. Wird die zeitliche Dauer der zweiten Konsolidierung dann als Ähnlichkeitskriterium herangezogen, so läßt sich die freie Aktivierungsenthalpie aus der Änderung von C_{α} entsprechend

$$\left.\frac{\partial \ln(C_{\alpha})}{\partial(1/T)}\right|_{t=\mathrm{const}} = -\frac{\Delta G_{\exp}^{(3)}}{R} \tag{4.7}$$

bestimmen, wobei als Änderung des Gleichgewichtszustandes

$$\frac{\Delta e(T_1)}{\Delta e(T_2)} = \frac{C_{\alpha}(T_1)}{C_{\alpha}(T_2)} \tag{4.8}$$

impliziert wird. Die Berechnung von $\Delta G_{\exp}^{(3)}$ nach Gleichung 4.7 wurde für Temperaturen unterhalb von 120°C durchgeführt und das Ergebnis als die gestrichelte Linie (--) in Abbildung 4.17 dargestellt. Für $\Delta G_{\exp}^{(3)}$ ergibt sich dabei 13.4 kJ/mol, was sehr gut dem zuvor für Wasser in diesem Temperaturbereich berechneten Wert entspricht. Aus dieser Übereinstimmung kann also gefolgert werden, daß die Kinetik durch das Abströmen von Wasser mit normalen Stoffwerten in kleinsten Kapillaren bestimmt wird, wobei gleichzeitig mit steigender Temperatur eine Erhöhung dieses mobilen Wasseranteils entsprechend Gleichung 4.8 stattfindet.

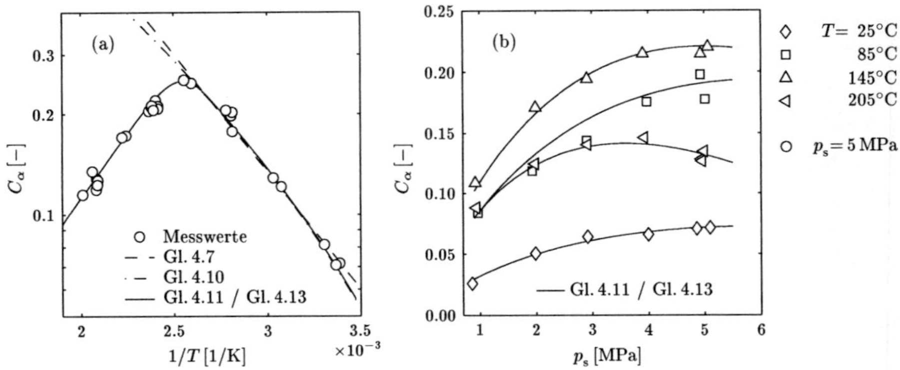

Abbildung 4.17:
Vergleich der Modellrechnung mit den experimentellen Ergebnissen für den zweiten Konsolidierungsindex C_α als Funktion von Temperatur (a) und Druck (b)

Das Ergebnis einer von den Prozeßparametern unabhängigen Zeitkonstante bei Guo et al. [GTU99] bestätigt dabei prinzipiell den hier angestellten Vergleich von Zuständen nach gleichen Konsolidierungszeiten. Darüberhinaus zeigen die Berechnungen allerdings, daß nur durch die Berücksichtigung des genauen zeitlichen Verlaufes, hier über C_α, und der Verschiebung des Gleichgewichtszustandes eine Quantifizierung der sehr wohl stattfindenden Beschleunigung des Kriechens möglich ist. Wird nur eine einfache Zeitkonstante bestimmt, so heben sich offensichtlich beide Effekte wieder auf [BBS99b].

Oberhalb von 120°C ist keine derartige Berechnung möglich, da durch die thermische Entwässerung die Struktur der Braunkohle beeinflußt wird, der Feststoff bei zunehmender Schrumpfung der Kohle die Konsolidierung immer stärker behindert und sich außerdem neben dem Endzustand der Verdichtung auch die Anfangsbedingungen temperaturabhängig ändern.

4.2.2 Mathematisch/Physikalisches Modell

Die skizzierten Betrachtungen haben gezeigt, daß die Kinetik der Entwässerung je nach Temperatur in komplexer Weise sowohl durch die Strömungsmechanik bei der Abfuhr des Wassers als auch durch den Widerstand des Feststoffgerüstes beeinflußt wird. Deshalb erscheint eine vereinfachte mathematisch/physikalische Beschreibung des druck-, temperatur- und zeitabhängigen Konsolidierungsverhaltens unter Berücksichtigung der wichtigsten Einflußgrößen anhand der experimentellen Ergebnisse sinnvoll.

Die zeitliche Verläufe der Beladung legen es nahe, die Gleichung

$$e(t,T,p_s) = e_{eop}(T,p_s) - C_\alpha(T,p_s)\,\log(t/[\mathrm{s}]) \tag{4.9}$$

für die Beschreibung der zeitabhängigen Entwässerung in der zweiten Konsolidierungsphase zu verwenden. Die Überlegungen im letzten Kapitel lassen weiterhin darauf schließen, daß sich C_α bis 120°C umgekehrt proportional zur Viskosität von Wasser ändert:

$$C_\alpha \sim 1/\mu_\ell\,. \tag{4.10}$$

Die strichpunktierte Linie (-·-) in Abbildung 4.17 (a) zeigt, daß diese Proportionalität die temperaturabhängige Änderung noch genauer wiedergibt als Gleichung 4.7, da die Aktivierungsenthalpie von Wasser in der Tat nicht konstant ist. Die Verdichtung thermisch vorbehandelter Kohle führt zu einer Abnahme von C_α mit der Beladung am Ende der ersten Konsolidierung entsprechend $C_\alpha \sim e_{\mathrm{eop}}^C$, vgl. Abb. 4.8, Seite 44. Obwohl sich aus der *Rate Process Theory* nach Gleichung 2.8 für den Zusammenhang zwischen Kriechrate und Druck $\dot{e} \sim \sinh(p_s/C)$ ergibt, wird auch hier ein Ansatz der Form $C_\alpha \sim p_s^C$ gewählt, da bei der Verdichtung der aufgemahlenen Schüttung vor allem im niedrigen Druckbereich weitere makroskopische Mechanismen wie z. B. das Abgleiten der Partikel aufeinander auftreten.

Somit ergibt sich für C_α folgender Zusammenhang:

$$C_\alpha(T, p_s) = \frac{\mu_\ell(25°\mathrm{C})}{\mu_\ell(T)} \left(\frac{p_s/[\mathrm{MPa}]}{p_0}\right)^{C_1} e_{\mathrm{eop}}(T, p_s)^{C_2} . \tag{4.11}$$

Die Viskosität μ_ℓ bei 25°C dient hier als Bezugsgröße, p_0 ist die dritte zu bestimmende Konstante. Da die untersuchte Kohle stark überkonsolidiert ist, wird folgende Gleichung für die Druckabhängigkeit der Porenzahl angenommen:

$$e_{\mathrm{eop}}(T, p_s) = C(T) - C_4 \log(p_s/[\mathrm{MPa}] + C_{\Delta\mathrm{p}}) . \tag{4.12}$$

Dabei ist die Konstante C temperaturabhängig zu bestimmen. Zwar zeigen Untersuchungen der Thermischen Entwässerung [Ruy82, DA92], daß einzelne Aspekte wie die CO_2-Entwicklung bei höheren Temperaturen (>200°C) über ARRHENIUS-Ansätze beschrieben werden können, der temperaturabhängige Wassergehalt allerdings ist nicht derart berechenbar. Aus diesem Grund wird Gleichung 4.12 um einen empirischen Term zur Beschreibung der Temperaturabhängigkeit erweitert:

$$e_{\mathrm{eop}}(T, p_s) = C_3 - C_4 \log(p_s/[\mathrm{MPa}] + C_{\Delta\mathrm{p}}) + C_5 \exp\left(\frac{-C_6}{(T/[°\mathrm{C}] - C_7)^{C_8}}\right) . \tag{4.13}$$

Die Konstanten in den Gleichungen 4.11 und 4.13 wurden durch Regression mit den Meßwerten bestimmt und sind in Tabelle 4.2 aufgelistet. Für die Umrechnung zwischen Porenzahl und Beladung werden die gemessenen Dichtewerte nach Abbildung 4.10 bzw. Gleichung 4.1 verwendet.

Zum Vergleich mit den Meßdaten sind in Abbildung 4.17 die nach den Gleichungen 4.11 und 4.13 berechneten Werte des zweiten Konsolidierungskoeffizienten als durchgezogene Linien eingezeichnet. Dabei ergibt sich sowohl bezüglich der Temperatur- als auch der Druckabhängigkeit von C_α eine sehr gute Übereinstimmung.

Tabelle 4.2: Konstanten der Gleichungen 4.11 und 4.13

C_1	0.808	C_5	-1.767
C_2	1.982	für $T > C_7$	
p_0	597.2	sonst 0	
C_3	14.10	C_6	331.0
C_4	8.343	C_7	82.05
$C_{\Delta\mathrm{p}}$	24.32	C_8	1.287

Des weiteren zeigt Abbildung 4.18 den Vergleich der berechneten und gemessenen Beladungen als Funktion von Druck, Temperatur und Zeit. Auch hier ergeben sich im Meßbereich nur geringe Abweichungen. Da die logarithmischen Ansätze für die Druck- und Zeitabhängigkeit der Konsolidierung nach den Gleichungen 4.9 und 4.12 sowohl bei Braunkohle als auch bei anderen Stoffen für größere Bereiche bestätigt wurden, sollte mit den dargestellten Formeln außerdem auch eine geringfügig über den Meßbereich hinausgehende Extrapolation möglich sein.

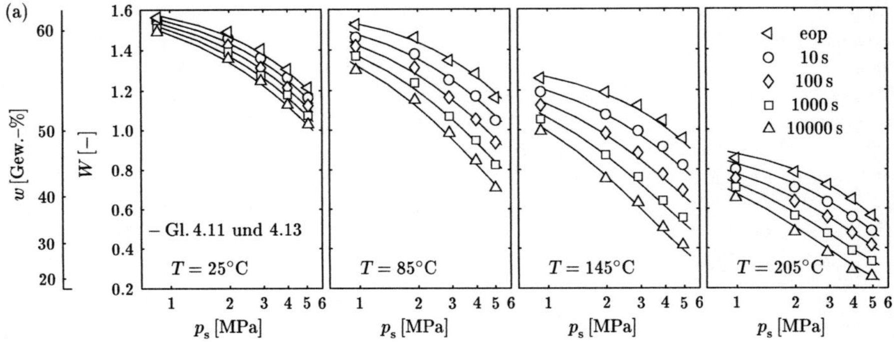

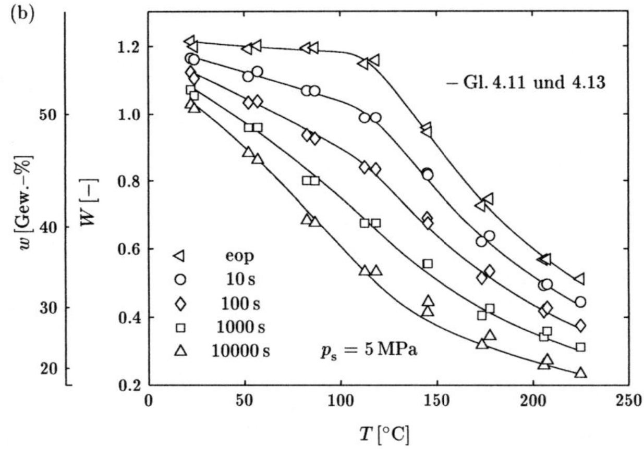

Abbildung 4.18: Temperatur- und Druckabhängigkeit der Beladung bei der Mechanisch/Thermischen Entwässerung, Vergleich der experimentellen Ergebnisse mit den Berechnungen nach den Gleichungen 4.11 und 4.13

4.2.3 Technikumsversuche

Zur Überprüfung der Übertragbarkeit der im Labor erzielten Ergebnisse auf den technischen Maßstab werden experimentelle Untersuchungen an der Technikumsanlage herangezogen. Die Einwaagemasse beträgt zwischen 10 und 16 kg und entspricht damit einer Flächenbeladung von 175 bis 280 kg/m^2. Bei allen Versuchen erfolgte die Aufheizung ausschließlich mit kondensierendem Sattdampf bis zum Dampfdurchbruch. Im Anschluß daran wurde die Braunkohle über eine Zeit von 1000 s bei konstantem Druck verdichtet. Diese Zeit ist ausreichend, sowohl den zweiten Konsolidierungsindex C_α als auch die Porenzahl am Ende der ersten Konsolidierungsphase e_{eop} analog der Auswertung der Laborversuche zu bestimmen.

Wie in den Laboruntersuchungen dominiert bei diesen Experimenten die zweite Konsolidierungsphase die Kinetik der Verdichtung. Beim Erreichen des Verdichtungsdruckes p_s können keine nennenswerten Flüssigkeitsdrücke in der Schüttung mehr festgestellt werden und die Flüssigkeitsbeladung zeigt quasi von Beginn an den schon in Abbildung 4.1 dargestellten Verlauf. In Abbildung 4.19 sind die Ergebnisse der druck- und temperaturabhängigen Messungen für C_α und e_{eop} den Ergebnissen im Labormaßstab und den nach dem Modell berechneten Werten in normierter Form gegenübergestellt.

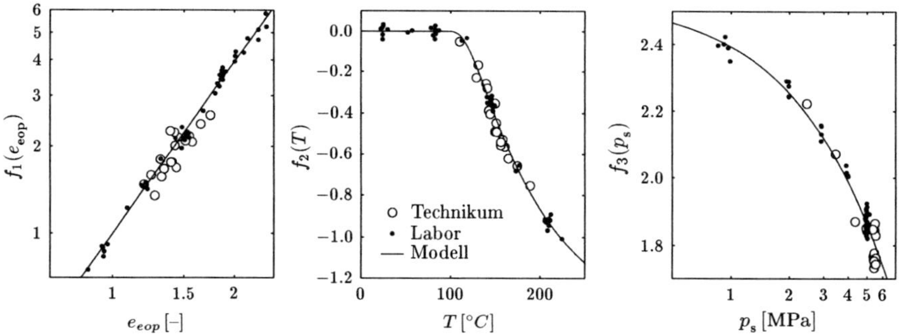

$$f_1(e_{eop}) = \frac{C_\alpha(\text{exp.})}{\frac{\mu_\ell(25\,°\text{C})}{\mu_\ell(T)}\left(\frac{p_s/[\text{MPa}]}{p_0}\right)^{C_1}}$$

$$f_2(T) = e_{eop}(\text{exp.}) - \left[C_3 - C_4\,\log(p_s/[\text{MPa}] + C_{\Delta p})\right]$$

$$f_3(p) = e_{eop}(\text{exp.}) - C_5\,\exp\left(\frac{-C_6}{(T/[°\text{C}] - C_7)^{C_8}}\right)$$

Abbildung 4.19:
Vergleich der Ergebnisse der Mechanisch/Thermischen Entwässerung im Labor- und Technikumsmaßstab mit den berechneten Werten für C_α und e_{eop}

Trotz der etwa 5-fachen Schichthöhe in der Technikumsanlage zeigt sich eine gute Übereinstimmung der Ergebnisse. Da bei der direkten Aufheizung mit Dampf die Aufheizzeit weniger als 5 Minuten beträgt (vgl. Kap. 5.2), bestätigen diese Ergebnisse auch die Annahme, daß zur effizienten Entfernung des Wassers mittels der Mechanisch/Thermischen Entwässerung keine längeren thermischen Behandlungszeiten notwendig sind. Die gleichmäßige Aufheizung des Materials ist bereits ausreichend für die Mobilisierung des Kohlewassers.

Die gute Übereinstimmung der Meßwerte aus den Laboruntersuchungen mit den Modellberechnungen bestätigt in dieser normierten Darstellung außerdem noch einmal die für die Regression gewählten Ansatzfunktionen.

4.3 Übertragbarkeit auf andere Braunkohlen

Für die Untersuchung der zwei weiteren Braunkohleproben wurden analog zu Untersuchungen anderer Autoren [BB89, GHU97] Verdichtungsversuche bei konstanter Kolbenvorschubgeschwindigkeit durchgeführt, da bei diesen Versuchen mit einer Messung der gesamte Druckbereich abgedeckt werden kann, der experimentelle Aufwand also erheblich reduziert wird. Zwar werden durch den Einfluß des Feststoffkriechens bei dieser Versuchsdurchführung keine Ergebnisse erhalten, die sich direkt mit den Versuchen bei konstantem Verdichtungsdruck vergleichen lassen, die Gegenüberstellung von Versuchen bei konstantem Verdichtungsdruck (100 g Einwaage) und konstanter Verdichtungsgeschwindigkeit (200 g Einwaage, 0.5 mm/min) für rheinische Braunkohle in Abbildung 4.20 zeigt jedoch, daß die so erhaltenen Beladungen etwa denen nach 100 s Verdichtung bei konstantem Druck entsprechen.

Die Ergebnisse der Verdichtung der australischen Yallorn-Braunkohle und der indischen Vastan-Braunkohle sind in Abbildung 4.21 zusammen mit den entsprechenden Versuchen mit rheinischer Braunkohle dargestellt.

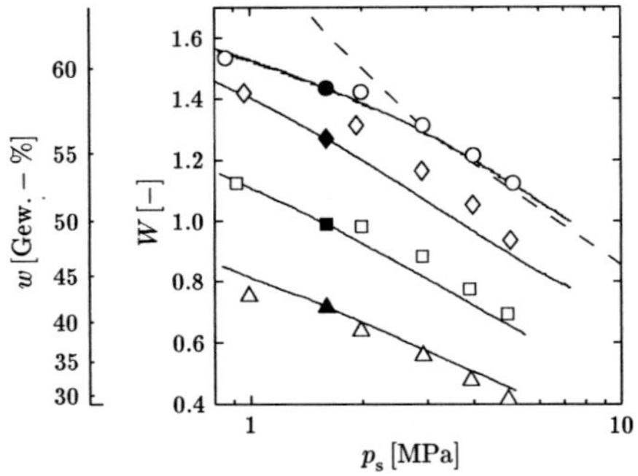

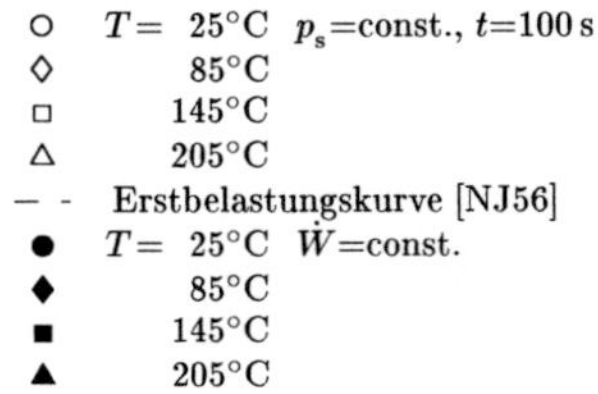

Abbildung 4.20:
Vergleich der Verdichtung mit konstanter Geschwindigkeit und konstantem Preßdruck

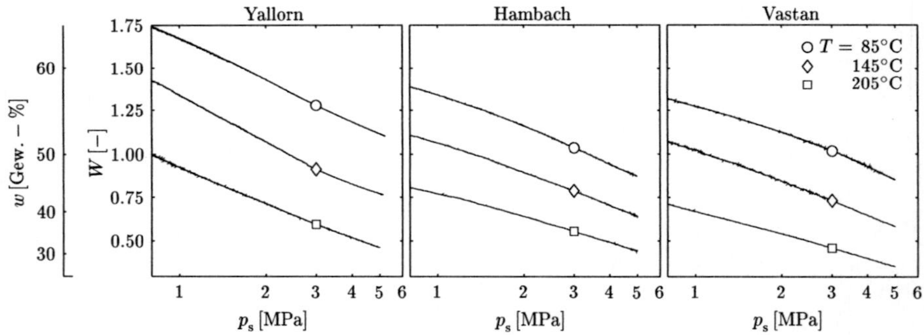

Abbildung 4.21:
Vergleich der Mechanisch/Thermischen Entwässerung von Kohlen verschiedener Provenienz

Die Betrachtung der Anfangswassergehalte (vgl. Kap. 3.1) zeigte schon, daß es sich bei der Yallorn-Braunkohle um eine im Vergleich zur Hambach-Kohle wesentlich weniger vorkonsolidierte und bei derjenigen aus Vastan um eine höher vorkonsolidierte Kohle handelt. Dies macht sich auch im druckabhängigen Verlauf der Beladung bei den verschiedenen Temperaturen bemerkbar.

Während sich für die gering vorbelastete Yallornkohle im gesamten Bereich der Verdichtung ein analog zur Erstbelastungskurve linearer Verlauf in der logarithmischen Auftragung über dem Verdichtungsdruck ergibt, beginnen die Beladungen für die beiden anderen Kohlen bei wesentlich geringeren Werten. Erst ab etwa 4 MPa sind dann auch bei der Hambach- und Vastankohle die Verläufe fast linear.

Zwar unterscheiden sich die Endwassergehalte der Kohlen bei den jeweiligen Temperaturen geringfügig, dies ist jedoch vor allem mit den stark unterschiedlichen Aschegehalten zu erklären (vgl. Kap. 3.1). Festzuhalten bleibt, daß in allen drei Fällen durch die Mechanisch/Thermische Entwässerung der Wassergehalt auf etwa 30 Gew.-% bei 5 MPa Verdichtungsdruck und 200°C reduziert werden kann, wobei auch die druck- und temperaturabhängigen Verläufe der Beladung bei australischer und indischer Braunkohle den Erwartungen aufgrund der bei rheinischer Braunkohle gewonnenen Erkenntnisse entsprechen.

5 Direkte Aufheizung poröser Medien

5.1 Aufheizung von Glaskugeln mit Dampf

Im folgenden werden zunächst die Ergebnisse der Aufheizung von Glaskugelschüttungen mittels kondensierenden Sattdampfes erläutert, anhand derer die Darstellung der Aufheizung nach Abbildung 2.18 (Seite 25) verifiziert und die die Kinetik der Durchströmung dominierenden Einflußparameter identifiziert werden sollen.

5.1.1 Zeitlicher Verlauf der Aufheizung

In Abbildung 5.1 ist der zeitliche Verlauf der normierten Temperatur Θ bei der Aufheizung der Glaskugeln GK 1 mit Dampf im Strömungsrohr VB 3 bei vier verschiedenen Drücken dargestellt. Die oberen Verläufe zeigen die Aufheizung einer trockenen Schüttung, die unteren sind die Ergebnisse der Aufheizung einer wassergefüllten Schüttung.

In der Darstellung ist ein gleichmäßiges Voranschreiten der Aufheizungsfront zu erkennen. Zum Zeitpunkt des Eintreffens der Front an der jeweiligen Meßposition steigt die Temperatur sprunghaft von Umgebungstemperatur auf 100°C an. Dabei reduziert sich die Eindringgeschwindigkeit stetig, wie die Zunahme der zeitlichen Abstände zwischen den Temperatursprüngen an den äquidistanten Meßpositionen zeigt.

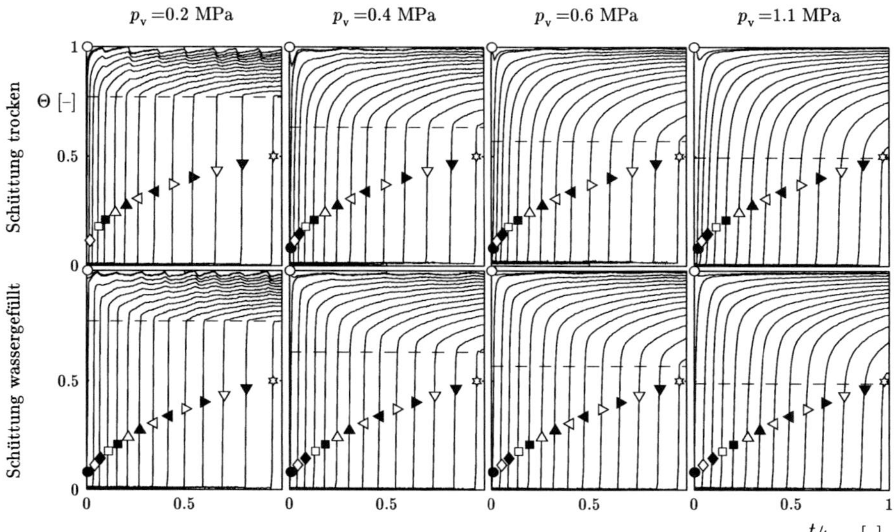

$$\Theta = \frac{T_0 - T(t)}{T_0 - T_1}$$

Abbildung 5.1:
Messungen des zeitlichen Verlaufes der normierten Temperatur Θ bei der Aufheizung von Glaskugeln (GK 1) mit Dampf als Funktion des Dampfdruckes und der anfänglichen Sättigung

Der auf die Sprünge folgende langsamere Anstieg der Temperatur ist auf den geringeren, zum Schüttungsanfang hin (stromauf) abnehmenden örtlichen Gradienten der Temperatur im Zweiphasengebiet zurückzuführen, vgl. Abb. 5.3 (a).

Höhere Sprünge der Temperatur bei der Aufheizung der wassergefüllten Schüttung, besonders an den ersten Meßstellen, deuten auf den Einfluß des größeren Druckabfalls der Wasserströmung hin, welcher zu einem entsprechend höheren Kondensationsdruck führt. Dabei ist zu Beginn der Aufheizung durch die zusätzlich zu bewegende Wassermasse auch die Geschwindigkeit der Aufheizung reduziert, wie die etwas größeren zeitlichen Abstände der Sprünge zeigen.

Die bei dem niedrigsten Dampfdruck auftretenden Temperaturschwankungen werden durch das Regelverhalten des Dampferzeugers verursacht, beeinflussen aber offensichtlich nicht die Kinetik des Fortschreitens der Kondensationsfront.

5.1.2 Örtlicher Temperatur-, Druck- und Sättigungsverlauf

In Abbildung 5.2 sind die örtlichen Temperatur- und Druckverläufe nach dem Dampfdurchbruch dargestellt. Die Druckverläufe sind aus dem Zusammenhang $p_v = p_{v,S}(T)$ berechnet worden, da kurz nach dem Dampfdurchbruch in der gesamten Schüttung noch Restflüssigkeit und somit Naßdampf vorliegt, wie die später untersuchten Sättigungsverläufe zeigen.

Aus der Integration der ERGUN-FORCHHEIMER-Gleichung wurde in Kapitel 2.3.1 für die Annahme idealen Gasverhaltens der Druckabfall über die Schüttungslänge berechnet. Diese Gleichung kann, wie gezeigt wurde (vgl. Abb. 2.20, Seite 26), analog auch für die stationäre Durchströmung mit Dampf verwendet werden:

$$p_v(x) = \sqrt{p_0^2 - \frac{x}{L}(p_0^2 - p_1^2)} \,. \tag{5.1}$$

Daraus läßt sich entsprechend auch der örtliche Temperaturverlauf berechnen:

$$T(x) = T_{v,S}(p_v(x)) \,. \tag{5.2}$$

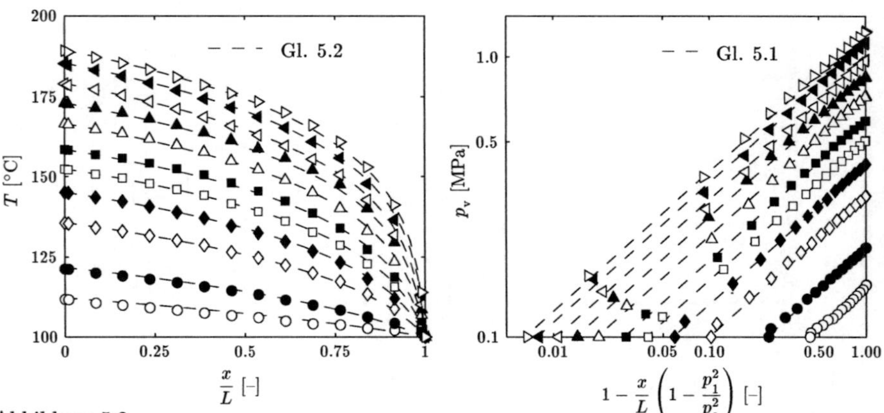

Abbildung 5.2:
Vergleich von Messungen (Symbole) und Berechnungen des örtlichen Temperatur- und Druckverlaufes nach dem Dampfdurchbruch, Parameter ist der Dampfeintrittsdruck p_0

Der Vergleich in Abbildung 5.2 zeigt, daß Druck- und Temperaturverläufe durch die Gleichungen 5.1 und 5.2 genau wiedergegeben werden. Deshalb kann die Strömung bei den hohen eingesetzten Dampfdrücken nicht mehr wie in anderen Untersuchungen [Bro96, NM80] als inkompressibel angesehen werden. Die gleichen Ergebnisse wurden analog auch für die zweite Glaskugelfraktion und die stationäre Durchströmung der zuvor wassergefüllten Schüttung erhalten.

Bei der Darstellung der mit der Eindringtiefe der Front $X_v(t)$ normierten, ortsabhängigen Druckverläufe *während* der Aufheizung in Abbildung 5.3 ergeben sich für die flüssigkeitsgefüllte Schüttung ((c), s_0=1) im Gegensatz zur zunächst trockenen Schüttung (a,b) jedoch größere Abweichungen. Die Ursache dafür ist wieder die Erhöhung des Kondensationsdruckes durch den Druckabfall der Wasserströmung.

Im Anschluß an die Aufheizung wurden die Schüttungen mit Luft getrocknet und aus dem aus der Luft auskondensierten Wasser die mittleren Restsättigungen $\overline{s_\infty}$ berechnet. Für vier Versuche mit der Glaskugelfraktion GK 1 wurde außerdem durch Probennahme über die Schüttungslänge der ortsabhängige Sättigungsverlauf $s_\infty(x)$ nach der Abkühlung bestimmt. In Abbildung 5.4 (a) und (b) sind die Ergebnisse dieser Messungen dargestellt.

Wie die ortsabhängigen Verläufe (a) zeigen, ist die Sättigung innerhalb der Schüttung nahezu konstant. Der Anstieg am Schüttungsende ist vor allem auf den Druck- und Temperaturabfall der Dampfströmung zum Austritt hin zurückzuführen. Dadurch findet nach Versuchsende noch eine unvermeidbare Flüssigkeitsverlagerung statt. Messungen während der Abkühlung nach Verschließen des Rohres auf beiden Seiten haben ergeben, daß sehr schnell (< 5 min) ein Druck- und Temperaturausgleich innerhalb des Rohres stattfindet, der aufgrund der kurzen Zeiten nur durch Verdampfung von Flüssigkeit im oberen und Kondensation im unteren Bereich des Rohres erklärbar ist. Zudem ist davon auszugehen, daß ein Teil der Flüssigkeit durch die Schwerkraftwirkung während der Abkühlung noch in den unteren Teil des Rohres fließt.

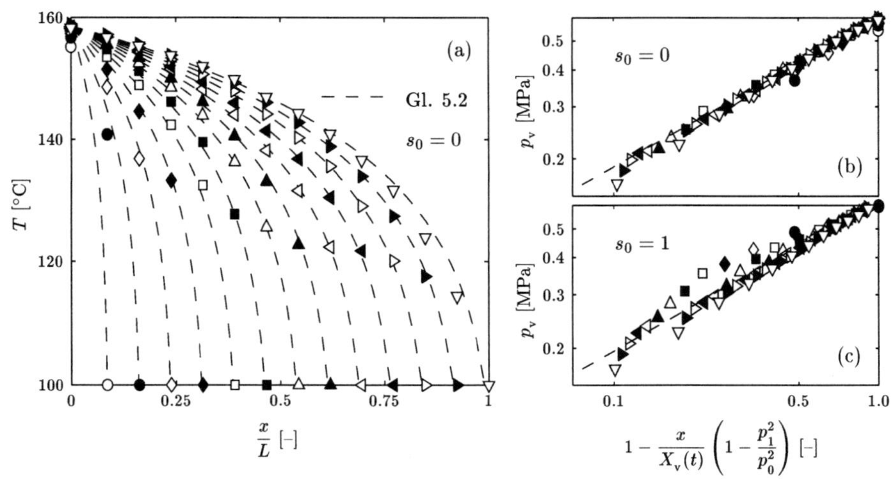

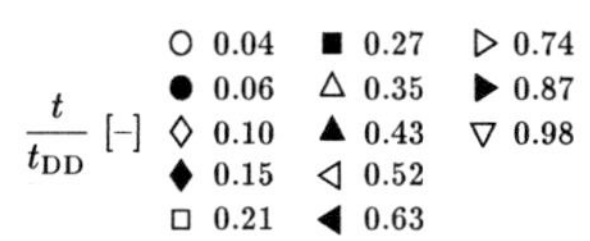

Abbildung 5.3:
(a) Ortsabhängige Temperaturverläufe für die Aufheizung von Glaskugeln, normierte Druckverläufe für die Bedampfung trockener (b) und wassergefüllter (c) Schüttungen

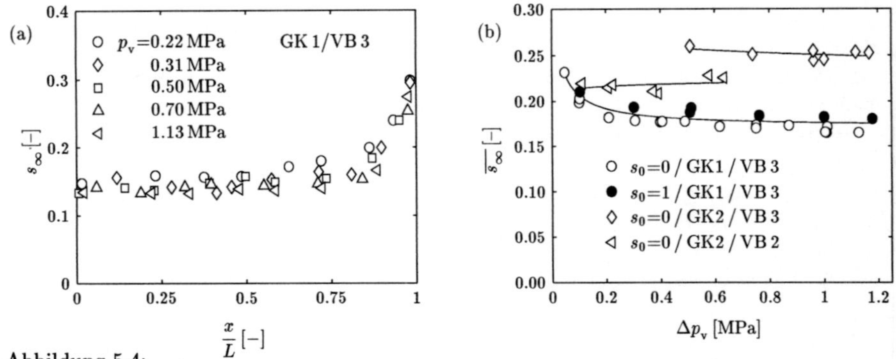

Abbildung 5.4:
Ortsabhängiger Verlauf der Restsättigung nach Abkühlung der Schüttung (a) und Abhängigkeit der mittleren Restsättigung vom Dampfüberdruck (b)

Daß die Restsättigung nach dem Versuch eher als konstant über die Schüttung angenommen werden kann, wird durch Ergebnisse von PIQUEMAL [Piq94] und BROUWERS [Bro96] bei Untersuchungen mit mittleren Partikeldurchmessern zwischen 50 und 230 μm bestätigt. PIQUEMAL schließt aus den konstanten Sättigungsverläufen, daß Kapillareffekte bei Partikeldurchmessern von 50 μm noch vernachlässigt werden können. Auch der Vergleich der Meßwerte für $\overline{s_\infty}$ (Abbildung 5.4 (b)) mit dem Verlauf der Kapillardruckkurve in Abbildung 2.17 (Seite 22) zeigt, daß für die hier dargestellten Untersuchungen alle Ergebnisse im Bereich der remanenten Sättigung s_{rem} liegen. Für die Messungen mit der Glaskugelfraktion GK 2 im kleineren Versuchsbehälter VB 2 ergeben sich etwas geringere Restsättigungen $\overline{s_\infty}$, was auf die geringere Kondensatmasse als Folge der niedrigen Wärmeverluste sowie Unterschiede im Hohlraumvolumen ε der Schüttung zurückzuführen ist.

Eine sprungförmige Abnahme des austretenden Wassermassenstromes während des Dampfdurchbruches bei allen hier durchgeführten Messungen ergab außerdem, daß aufgrund der guten Wärmeübertragung nur eine sehr schmale Kondensationszone (<1 cm) existiert, in der Flüssigkeit und Dampf gleichzeitig mobil sind. Auch dies, sowie die gute Übereinstimmung des Druckverlaufes nach Gleichung 5.1 mit den Meßwerten, spricht dafür, daß die Annahme eines nahezu konstanten, örtlichen Sättigungsverlaufes gerechtfertigt ist.

5.1.3 Druckabhängigkeit der Aufheizung

In Abbildung 5.5 sind als charakteristische Zeitpunkte der Aufheizung die Zeit des Dampfdurchbruches (DD) und ersten Wasseraustrittes (WA) bei der Aufheizung der Glaskugeln (GK 1 und GK 2) mit Dampf als Funktion der Dampfdruckdifferenz dargestellt. Auffällig ist, daß sich außer für die Glaskugeln GK 2 im langen Strömungsrohr VB 3 die Verläufe sehr gut durch eine Gerade mit der Steigung $m \approx -1$ wiedergegeben lassen. Zwar entspräche dies einem quasi inkompressiblen Verhalten nach Gleichung 2.27 (Seite 25), allerdings müßte bei der Betrachtung der kompressiblen Strömung an Stelle der einfachen Druckdifferenz Δp der Term $(p_0^2 - p_1^2)/p_0$ (vgl. Gl. 2.28) zusammen mit einer temperaturabhängigen Konstante $C(T)$ nach Gleichung 2.27 zur Berechnung der Abszisse verwendet werden. Jedoch soll für die qualitative Beurteilung der Ergebnisse diese Darstellung zunächst ausreichend sein, da eine detaillierte Untersuchung der Kinetik in Kapitel 5.4 erfolgt.

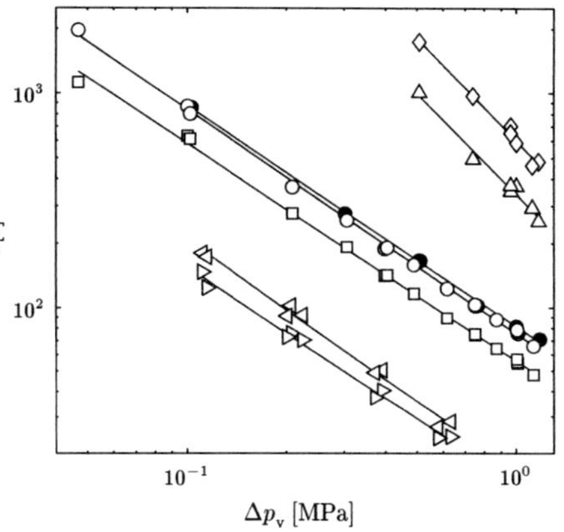

Abbildung 5.5:
Zeit des Dampfdurchbruches und ersten Wasseraustrittes bei der Aufheizung der Glaskugeln GK 1 und GK 2 als Funktion des Dampfüberdruckes, Regressionskonstante m nach $t = b\,\Delta p_{\mathrm{v}}{}^{m}$

Der stark abweichende Verlauf der Aufheizzeiten für die Glaskugeln GK 2/VB 3 erklärt sich durch die hohen Wärmeverluste innerhalb dieser Meßreihe. Anstelle der 1.05 bis 1.2 fachen theoretischen Kondensatmenge für die drei anderen Meßreihen, betrug der Wärmeverlust bei diesen Versuchen trotz der Isolierung des Rohres zwischen 40 und 80 Prozent.

5.1.4 Zeitabhängigkeit der Eindringtiefe der Kondensationsfront

Die aus den Temperatursprüngen bestimmte Eindringtiefe X_{v} der Kondensationsfront als Funktion der Bedampfungszeit für die trockene und mit Wasser gesättigte Glaskugelschüttung GK 1 ist in Abbildung 5.6 (a) dargestellt. Für alle Versuche ergibt sich in der doppeltlogarithmischen Darstellung ein nahezu linearer Verlauf, wobei sich die Steigung als Funktion des Dampfdruckes und des Anfangszustandes der Schüttung ändert. Abbildung 5.6 (b) zeigt die Druckabhängigkeit der aus einer Regression ($X_{\mathrm{v}} = b\,t^{m}$) enthaltenen Steigung m dieser Geraden für alle mit Glaskugeln durchgeführten Versuche.

Die dargestellten Exponenten liegen nur bei der Bedampfung der trockenen Schüttungen für die jeweils kleinsten Dampfdrücke im Bereich von 0.5. Dieser Wert ist nach Gleichung 2.27 (Seite 25) für eine reibungsdominierte Durchströmung zu erwarten. Aufgrund der mit steigendem Druck größer werdenden Abweichungen sind die Vereinfachungen bei der Herleitung des von Brouwers [Bro96] verwendeten Modells für diese Messungen offensichtlich nicht mehr zulässig.

Die Erhöhung des Exponenten m bei der Aufheizung einer mit Wasser gefüllten Schüttung läßt weiterhin darauf schließen, daß bei geringem Hohlraumvolumen oder hoher Temperaturdifferenz, d. h. bei einer größeren Ausdehnung der Kondensationsfront, auch der Druckabfall des Kondensates durch ein Modell berücksichtigt werden muß, da die Verlangsamung der Kondensationsfrontgeschwindigkeit bei diesen Messungen maßgeblich auf den Druckabfall der Wasserströmung zurückzuführen ist. Entsprechendes gilt für die Bedampfung einer mit Heißwasser vorgewärmten Schüttung analog der MTE-Verfahrenstechnik.

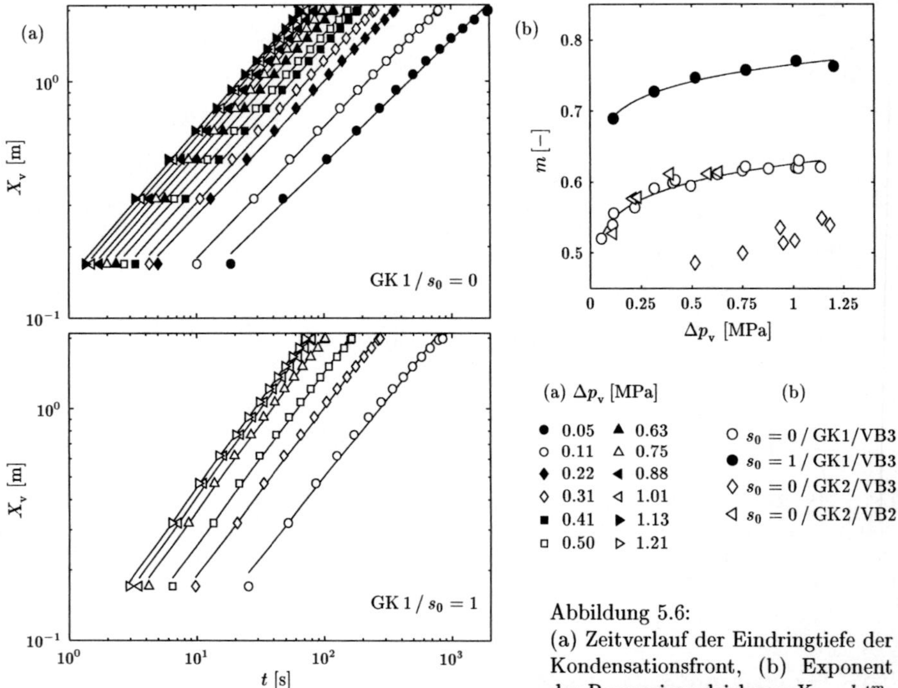

Abbildung 5.6:
(a) Zeitverlauf der Eindringtiefe der Kondensationsfront, (b) Exponent der Regressionsgleichung $X_v = b\,t^m$

5.1.5 Permeabilitätsmessungen mit Luft und Dampf

Da die experimentell bestimmten und nach Gleichung 5.1 berechneten Druckverläufe gut übereinstimmen (vgl. Abb. 5.2) und bei der stationären Durchströmung die immobile Sättigung sowohl als Funktion des Ortes als auch des Dampfdruckes relativ konstant ist, erlaubt Gleichung 2.28 (Seite 26) auf Grundlage der Meßergebnisse die Berechnung der Permeabilität K_v und Passabilität η_v einer Schüttung bei der Durchströmung mit Dampf.

Aus dem Verhältnis der Werte von K und η für Dampf- und Luftdurchströmung lassen sich des weiteren die relative Permeabilität $K_{v,r}$ und Passabilität $\eta_{v,r}$ berechnen, welche die Erhöhung des Druckabfalls bei der Querschnittsversperrung durch immobiles Wasser beschreiben.

In Abbildung 5.7 sind für die Glaskugeln GK 1 und GK 2 die Meßwerte für die stationäre Durchströmung mit Dampf und Luft in der linearisierten Form der Gleichung 2.28 aufgetragen, so daß sich Permeabilität und Passabilität aus den Kehrwerten von Steigung und Achsenabschnitt der Geraden ergeben. Die Ergebnisse der Berechnungen sind in Tabelle 5.1 zusammengestellt. Dabei sind außerdem die berechneten relativen Passabilitäten und Permeabilitäten sowie die anhand der ERGUN-FORCHHEIMER-Gleichung 2.16 berechneten Partikeldurchmesser aufgeführt.

Trotz der breiten Korngrößenverteilung, für die die ERGUN-FORCHHEIMER Gleichung üblicherweise nicht angewendet werden kann, ergibt sich eine relativ gute Übereinstimmung der durch die Korngrößenanalyse erhaltenen und berechneten Daten.

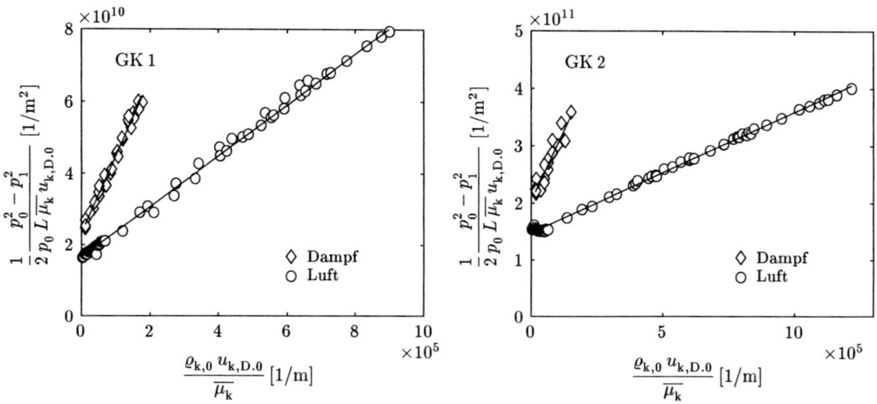

Abbildung 5.7: Ergebnisse der stationären Durchströmungsversuche mit Dampf und Luft

Die positive Steigung aller Geraden in Abbildung 5.7 bestätigt weiterhin, daß unter den Versuchsbedingungen Trägheitseffekte eine wesentliche Rolle spielen und nicht vernachlässigt werden können.

Obwohl die Größen $K_{v,r}$ und $\eta_{v,r}$ nur für eine mittlere Sättigung bestimmt werden können, liegen die Zahlenwerte für die Exponenten γ und ϑ nach Gleichung 2.23 in dem Bereich, der sich aus den Untersuchungen in der Literatur ergibt, vgl. Kap. 2.3.2, Seite 20. Die Ergebnisse zeigen außerdem, daß die Annahme gleicher relativer Permeabilitäten und Passabilitäten nicht gerechtfertigt ist. Besonders bei hohen Strömungsgeschwindigkeiten führt diese Annahme zur Unterschätzung von Trägheitseffekten.

Tabelle 5.1:
Ergebnisse der Permeabilitätsmessungen

		GK 1	GK 2
K_i	$[m^2]$	$6.04 \cdot 10^{-11}$	$6.76 \cdot 10^{-12}$
K_v	$[m^2]$	$4.31 \cdot 10^{-11}$	$4.90 \cdot 10^{-12}$
η_i	$[m]$	$1.41 \cdot 10^{-05}$	$4.73 \cdot 10^{-06}$
η_v	$[m]$	$4.64 \cdot 10^{-06}$	$1.02 \cdot 10^{-06}$
$K_{v,r}$	$[-]$	0.714	0.724
$\eta_{v,r}$	$[-]$	0.328	0.216
γ Gl. 2.23	$[-]$	1.8	1.5
ϑ Gl. 2.23	$[-]$	5.9	6.8
ε	$[-]$	0.33	0.35
d_{32}	$[\mu m]$	309	82
d_p Gl. 2.16	$[\mu m]$	334	100

Des weiteren wird deutlich, daß aufgrund der immobilen Wasserphase der Druckabfall der Dampfströmung erheblich höher ist, als in einer trockenen Schüttung.

Deshalb können auch solche Ansätze in der Literatur nicht zutreffen, die davon ausgehen, daß $K_{v,r}$ und $\eta_{v,r}$ zu eins zu setzen sind, wenn die *effektive Sättigung* $s_{eff} = (s - s_{irr})/(1 - s_{irr})$ null beträgt, vgl. Kap. 2.3.2.

5.2 Aufheizung von Braunkohle mit Dampf

Im Unterschied zu den Glaskugelschüttungen besitzt Braunkohle eine hohe Kompressibilität. Dies zeigte sich bereits bei der Untersuchung der Entwässerung in Kapitel 4, wobei die Beschreibung der mechanischen Verdichtbarkeit und Permeabilität sich dort allerdings auf den Bereich sehr niedriger Porenzahlen beschränkte.

Die Aufheizung mittels Dampf im Rahmen der Mechanisch/Thermischen Entwässerung dagegen wird bei eher moderaten Verdichtungsdrücken bis maximal 0.5 MPa [BBS98a] und entsprechend höheren Hohlraumvolumina durchgeführt, um eine beschleunigte Aufheizung zu erreichen. Aus diesem Grunde sind zur Charakterisierung der Haufwerkseigenschaften bei niedrigen Verdichtungen ergänzende Messungen durchgeführt worden.

5.2.1 Haufwerkscharakterisierung

Bei den Durchströmungsversuchen wird die Kohle vor Meßbeginn über eine bei allen Versuchen konstante Zeit von 5 Minuten verdichtet. Da die Porosität ε für die Beschreibung der Aufheizung eine anschaulichere Variable als die Porenzahl e darstellt, wird im Unterschied zu Kapitel 4 für die weitere Untersuchung des gering verdichteten Kohlehaufwerkes nur ε verwendet. Zu beachten ist dabei, daß das Hohlraumvolumen hier, anders als die Porenzahl in Kapitel 4, als das vor der Aufheizung mit Luft gefüllte Volumen bezogen auf das Gesamtvolumen der Schüttung definiert ist. Es wird also die mit Wasser gefüllte, poröse Struktur der einzelnen Kohleteilchen nicht mit in die Betrachtung einbezogen, da nicht davon auszugehen ist, daß bei niedrigen Verdichtungen die porösen Kohlepartikel selbst durchströmt werden.

Die Ergebnisse der Porositäts-, Permeabilitäts- und Passabilitätsmessungen sind in Abbildung 5.8 zusammenfassend dargestellt. Bei allen Messungen ist hier der maximal aufgeprägte Fluiddruck niedriger als der Vorverdichtungsdruck, um eine weitere Komprimierung der Schüttung zu vermeiden. Ansonsten erfolgt die Auswertung der Permeabilität und Passabilität entsprechend Abbildung 5.7.

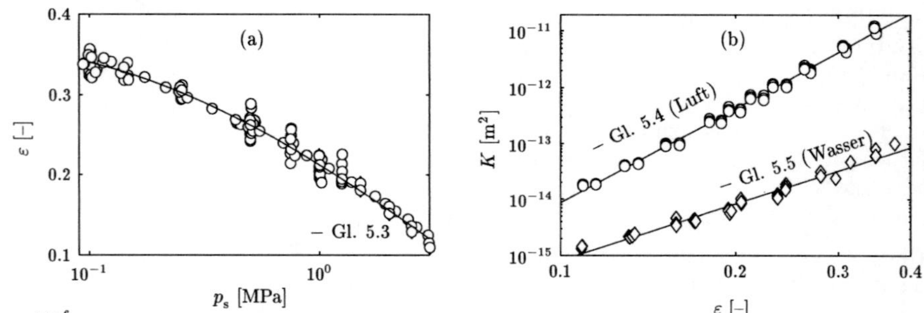

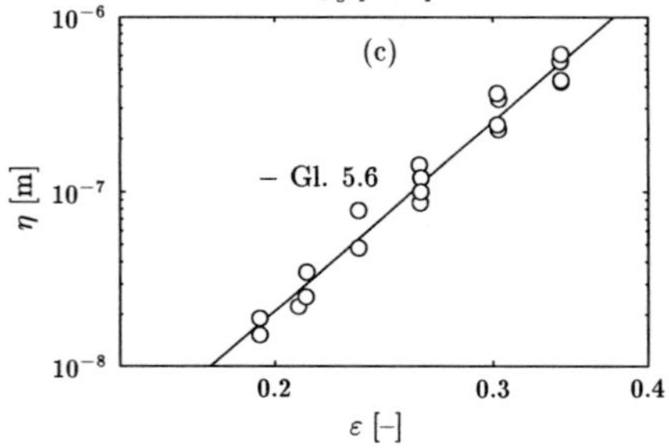

$$\varepsilon = 0.23 - 0.094 \cdot \log(p_s/[\mathrm{MPa}] + 0.21) \quad (5.3)$$

$$K_i = 3.66 \cdot 10^{-9} \cdot \varepsilon^{5.63}\,\mathrm{m}^2 \quad (5.4)$$

$$K_\ell = 1.85 \cdot 10^{-12} \cdot \varepsilon^{3.36}\,\mathrm{m}^2 \quad (5.5)$$

$$\eta_i = 4.14 \cdot 10^{-4} \cdot \varepsilon^{6.15}\,\mathrm{m} \quad (5.6)$$

Abbildung 5.8:
Reduzierung des Hohlraumvolumens ε durch mechanische Verdichtung (a), Permeabilität K bei ○ Luft und ◇ Wasserdurchströmung (b) sowie Passabilität η bei Luftdurchströmung (c)

Die Ergebnisse für die Durchströmung mit Wasser stellen den auf Porositäten umgerechneten Verlauf der Meßwerte für geringe Verdichtungsdrücke und 26°C aus Abbildung 4.12 (Seite 48) dar.

Die Porosität ε im Abbildungsteil (a) läßt sich durch die Erhöhung des Verdichtungsdruckes von 0.1 auf 1 MPa von 0.35 auf 0.2 reduzieren, wodurch sich die Permeabilität und Passabilität bei Luftdurchströmung entsprechend den Abbildungsteilen (b,c) auf weniger als 5 Prozent des Ursprungswertes erniedrigen.

Die Ergebnisse der Messungen mit Wasser liegen hier wesentlich niedriger, da das Aufquellen der Partikel bei längeren Versuchszeiten zur Verstopfung der Poren führt. Aus diesem Grunde wird die Permeabilität bei der Durchströmung von Braunkohle mit Wasser anhand der Vorwärmungsversuche in Kapitel 5.3.2 genauer untersucht. Für weitere Auswertungen werden die Regressionsgleichungen 5.3 bis 5.6 verwendet.

5.2.2 Zeitlicher Verlauf der Aufheizung

In Abbildung 5.9 ist der prinzipielle Verlauf der Aufheizung einer Braunkohleschüttung mittels Dampf anhand des zeitabhängigen Temperaturverlaufes für äquidistante Meßpositionen innerhalb des Haufwerkes dargestellt.

Die Abbildung zeigt, daß Inhomogenitäten der Schüttung offensichtlich zu unregelmäßigeren Temperaturverläufen führen. Gleichzeitig ist zu erkennen, daß der zeitliche Abstand zwischen den einzelnen Temperatursprüngen nicht mehr stetig zunimmt, so daß sich im Gegensatz zur Aufheizung der Glaskugelschüttungen keine kontinuierliche Reduzierung der Kondensationsfrontgeschwindigkeit ergibt. Des weiteren wird die Schüttung beim Eintreffen der Kondensationsfront sofort auf deutlich über 100°C (vgl. auch Abb. 5.1, Seite 59) aufgeheizt.

Zur genaueren Analyse des Aufheizungsverhaltens wurden aufgrund dieser Änderungen Versuche unter Variation des Vorverdichtungs- und Dampfdruckes durchgeführt. Die zeitlichen Temperaturverläufe dieser Experimente sind in Abbildung 5.10 dargestellt.

Für die höchste Vorverdichtung sowie bei niedrigen Dampfdrücken kann hier keine gleichmäßige Aufheizung mehr erzielt werden. Die bei der Aufheizung der Glaskugelschüttungen beobachtete typische Abnahme der Kondensationstemperatur mit zunehmender Schüttungslänge x/L (vgl. Abb. 5.2, Seite 60) kann hier nur bis zu einem Dampfdruck von 0.35 MPa festgestellt werden.

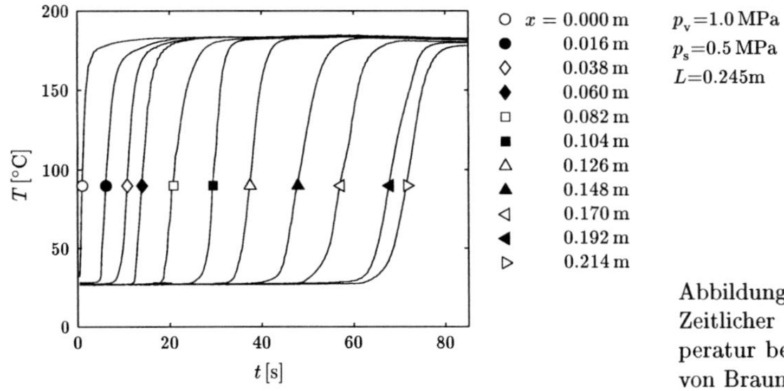

Abbildung 5.9:
Zeitlicher Verlauf der Temperatur bei der Aufheizung von Braunkohle mit Dampf

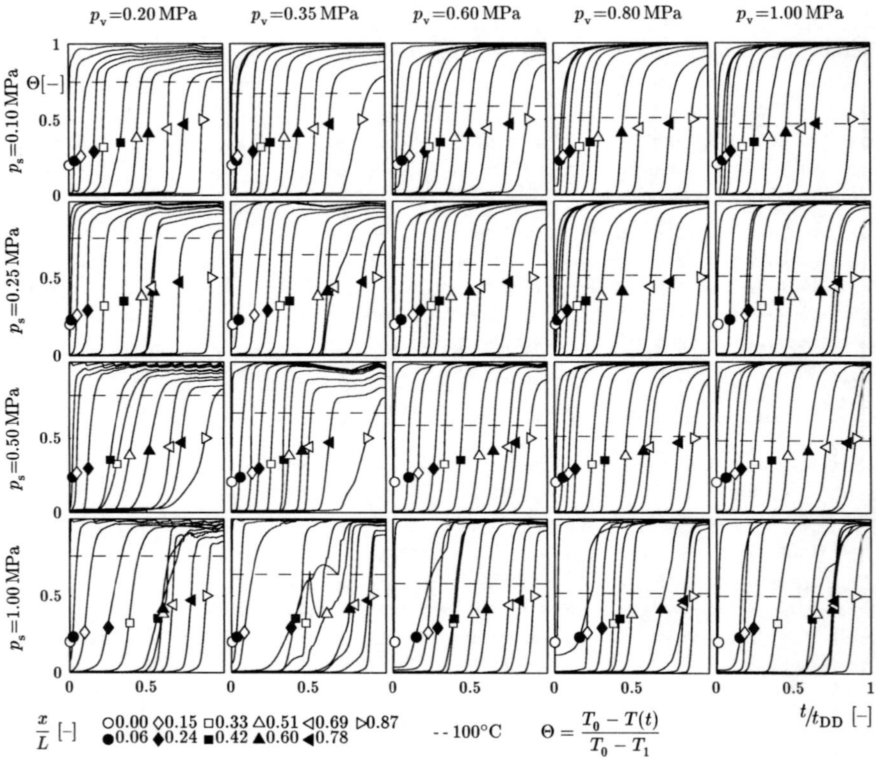

Abbildung 5.10:
Messungen des zeitlichen Verlaufes der normierten Temperatur Θ bei der Aufheizung von Braunkohle mit Dampf unter Variation des Vorverdichtungsdruckes p_s und Dampfdruckes p_v

Bei den höheren Dampfdrücken steigt die Temperatur sofort auf einen Wert nahe der Dampfeintrittstemperatur an. Der zeitliche Verlauf der Eindringtiefe erscheint hier eher unregelmäßig, obwohl bei einigen Versuchen eine kontinuierliche Abnahme der Frontgeschwindigkeit zu erkennen ist.

5.2.3 Örtlicher Temperatur-, Druck- und Wassergehaltsverlauf

Da die Braunkohle trotz teilweiser Thermischer Entwässerung auch nach der Aufheizung noch einen signifikanten Wasseranteil ($w > 45$ Gew.-%) enthält, liegt wie bei den Versuchen mit Glaskugeln nach dem Dampfdurchbruch eine stationäre Sattdampfströmung vor. Zeitliche Änderungen des örtlichen Temperaturverlaufes durch Trocknungseffekte treten zwar auf, können aber nur über sehr lange Zeiten beobachtet werden.

In Abbildung 5.11 sind neben den ortsabhängigen Temperaturverläufen (a) deshalb auch wieder die daraus berechneten Sattdampfdrücke sowie die nach Gleichung 5.1 berechneten Druckverläufe (b) dargestellt.

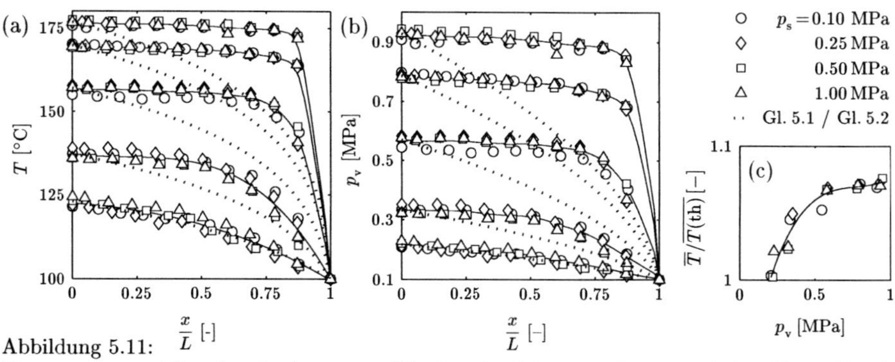

Abbildung 5.11:
Temperatur- und Druckverlauf $p_v = p_{v,S}(T)$ über die Schüttungslänge nach dem Dampfdurchbruch für Versuche mit verschiedenen Dampfdrücken und Vorverdichtungen

Hier wird noch einmal die deutliche Abweichung von den aufgrund der früheren Ergebnisse zu erwartenden Verläufen sichtbar. Dabei ist die mit der Steigerung der mittleren Temperatur $\overline{T}$ (c) gegenüber der nach den Gleichungen 5.1 und 5.2 berechenbaren Temperatur $\overline{T(\mathrm{th})}$ verbundene Vergleichmäßigung der Aufheizung über die Schüttungslänge bezüglich der Entwässerung als vorteilhaft für den MTE-Prozeß zu betrachten.

Da der steile Druckabfall gegen Ende der Schüttung (b) nur durch entsprechende Permeabilitäts- und Porositätsgradienten hervorgerufen werden kann, werden zunächst bei je drei Vorverdichtungen und Dampfdrücken die Wassergehaltsverläufe in der Braunkohleschüttung analysiert. In Abbildung 5.12 sind die experimentellen Ergebnisse als Funktion der normierten Schüttungshöhe dargestellt. Auf die Berechnung der Sättigung wird in diesem Zusammenhang verzichtet, da durch die später erläuterten Änderungen in der Haufwerks- und Braunkohlestruktur während der Aufheizung auf hohe Temperaturen eine genaue Zuordnung des Wassers (Oberflächen- oder Innenwasser) nicht mehr möglich ist.

Mit steigendem Dampfdruck ist in der Abbildung eine starke Abnahme des Wassergehaltes zu verzeichnen, wobei durch die in Kapitel 4.1.3 (Seite 43) bereits untersuchte Thermische Entwässerung der Kohle auch der Anfangswassergehalt unterschritten wird.

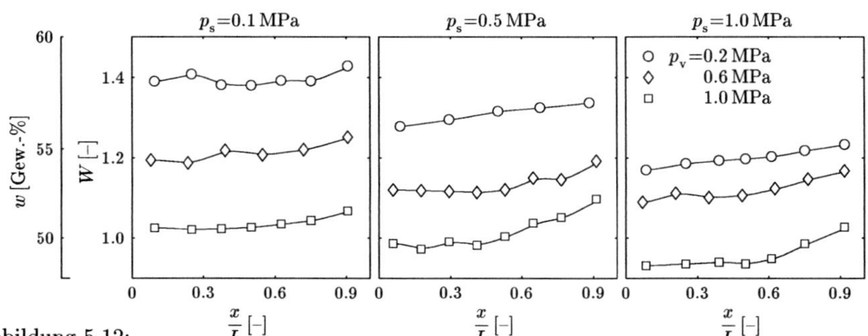

Abbildung 5.12:
Verlauf des Wassergehaltes über der Schichthöhe nach der Aufheizung von Braunkohle mit Dampf, Parameter sind der Dampf- und Vorverdichtungsdruck

Weiterhin ist die Zunahme des Wassergehaltes mit steigender Eindringtiefe in Abbildung 5.12 mit der Abnahme der Temperatur durch den Druckabfall des Dampfes korreliert. Durch den bei niedrigen Dampftemperaturen noch stark hydrophilen Charakter der Braunkohle, den hohen Feinkornanteil und die fehlende Thermische Entwässerung ergeben sich weit über dem Rohzustand liegende Wassergehalte. Bei höheren Dampfdrücken und Geschwindigkeiten sowie niedrigeren Porositäten und Strömungsquerschnitten durch höhere Vorverdichtungen wird dieses Grobkapillar- und Zwickelwasser durch die Schleppkräfte des Dampfes wieder mitgerissen. Zusätzlich nimmt mit steigender Temperatur der Einfluß der Thermischen Entwässerung zu.

Eine deutlichere Abhängigkeit des Wassergehaltes vom Vorverdichtungsdruck und der in der Schüttung erreichten Temperatur zeigt die Auftragung in Abbildung 5.13 (a). Zum Vergleich enthält die Abbildung auch die Ergebnisse der Untersuchung der Thermischen Entwässerung aus Kapitel 4.1.3. Hieraus wird ersichtlich, daß in allen Versuchen die Reduzierung des Wassergehaltes zwar etwas geringer ist als bei den Versuchen zur Thermischen Entwässerung in Dampfatmosphäre. Bei den höheren Verdichtungsdrücken werden die Ergebnisse der thermischen Entwässerung unter Wasser allerdings erreicht. Dies bestätigt noch einmal, daß die thermische Entwässerung nicht von der Behandlungszeit abhängt, sondern die Aufheizung auf die entsprechende Temperatur und die mechanische Entfernung des Wassers vor der Abkühlung, wie hier durch die Schleppkräfte des Dampfes, ausreichend ist.

Die Reduzierung der Schichthöhe (b) ist deshalb zum Teil auf die Verringerung des Gesamtvolumens zurückzuführen. Besonders bei niedrigen Vorverdichtungen findet hier jedoch auch eine weitere Komprimierung der Schüttung durch den Dampfdruck statt.

Das aus den gemessenen Schichthöhen und Wassergehalten berechnete Verhältnis aus der Porosität am Ende der Aufheizung (Index ∞) und nach der Vorverdichtung (Index 0) in Abbildungsteil (c) zeigt weiterhin, daß durch die Schrumpfung der Kohle während der Aufheizung bei höheren Vorverdichtungen und Temperaturen auch eine Zunahme der Porosität erreicht werden kann.

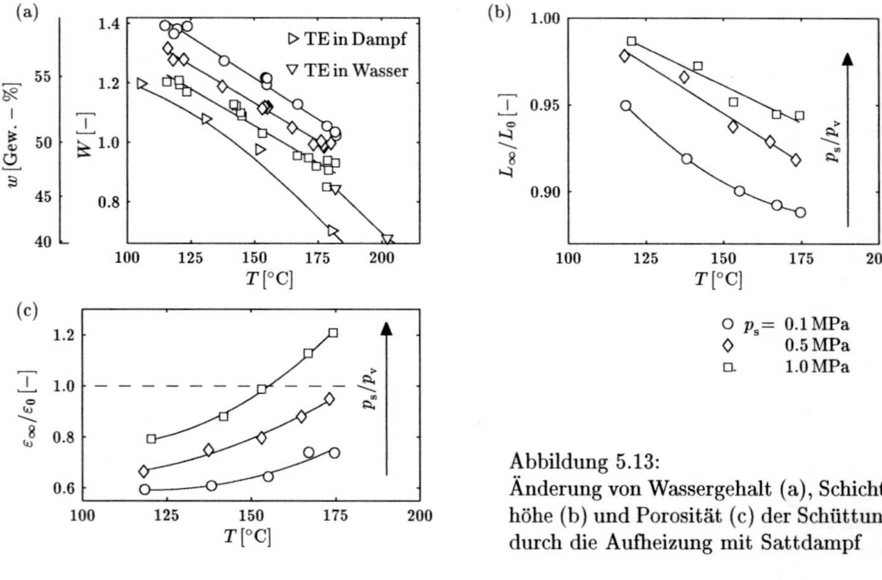

Abbildung 5.13:
Änderung von Wassergehalt (a), Schichthöhe (b) und Porosität (c) der Schüttung durch die Aufheizung mit Sattdampf

Aus diesen Ergebnissen kann gefolgert werden, daß die in Abbildung 5.11 dargestellten Druckverläufe das Resultat der „Vorgeschichte" der Kohle sind: Durch die Thermische Entwässerung bei hohen Temperaturen im Anfangsbereich der Schüttung schrumpft die Kohle, wodurch Porosität und dementsprechend Permeabilität steigen. Im Austrittsbereich fällt die Temperatur stark ab, so daß diese Mechanismen nicht greifen und statt dessen mehr Wasser in der Schüttung zurückbleibt, wodurch die Permeabilität sinkt. Dadurch ist jedoch noch nicht geklärt, wodurch die hohen Kondensationstemperaturen schon während der Aufheizung verursacht werden, welche letztendlich zu den Änderungen in der Kohlestruktur führen.

5.2.4 Zeitabhängigkeit der Eindringtiefe der Kondensationsfront

Analog zur Analyse der Kinetik bei der Aufheizung der Glaskugeln ist in Abbildung 5.14 die Regression der Meßwerte für den zeitlichen Verlauf der Eindringtiefe X_v der Kondensationsfront mit der Funktion $X_v = b\,t^m$ dargestellt. Trotz der großen Schwankungen aufgrund der ungleichmäßigen Aufheizung lassen sich die Ergebnisse näherungsweise durch diese Funktion beschreiben. In keinem Fall jedoch liegt der Exponent in der Größenordnung von 0.5 wie für eine reibungsdominierte Strömung zu erwarten wäre. Die errechneten Werte im Bereich von 0.8 bis 1 zeigen, daß die Zunahme der Eindringtiefe nicht mehr durch ein vereinfachtes Modell – entsprechend dem in Kapitel 2.3.3 beschriebenen (vgl. Gl. 2.27, Seite 25) – berechnet werden kann.

Dies läßt die Schlußfolgerung zu, daß, wie bei der Bedampfung der wassergefüllten Glaskugelschüttung, nicht allein die Strömung des Dampfes zur Kondensationsfront die Kinetik bestimmt, sondern auch die Strömung des Kondensates einen wesentlichen Einfluß hat. Neben der Verdichtung durch den Fluiddruck ist eine weitere Ursache hierfür die bereits in Kapitel 5.2.1 dargestellte Reduzierung der Permeabilität bei der Durchströmung mit Wasser, wodurch der Druckabfall der Kondensatströmung zusätzlich gegenüber dem des Dampfes erhöht wird.

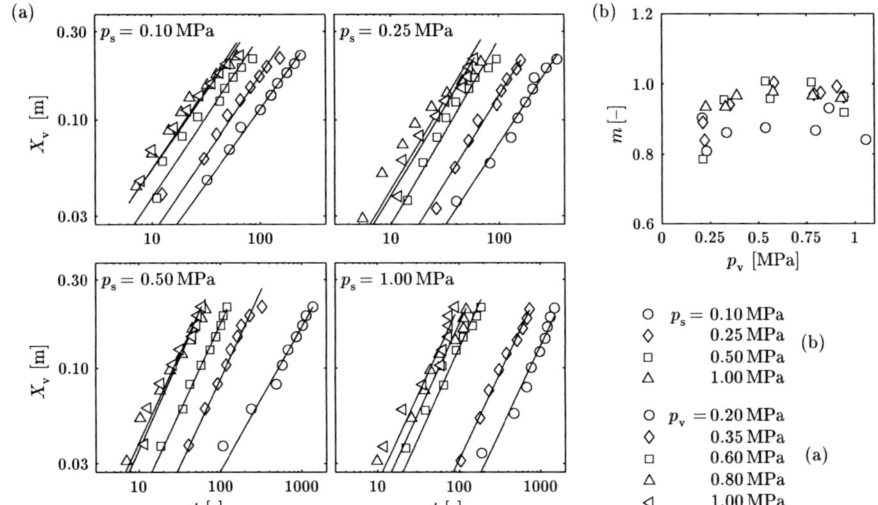

Abbildung 5.14:
(a): Zeitabhängigkeit der Eindringtiefe der Kondensationsfront für vier Vorverdichtungen, Parameter ist der Dampfdruck. (b): Exponent der Regressionsgleichung $X_v = b\,t^m$

Druckabhängigkeit

Aufgrund der von Vorverdichtungsdruck und Dampftemperatur abhängigen Änderungen der Haufwerksstruktur ergeben sich in der Auftragung der Aufheizzeiten gegen den Dampfdruck in Abbildung 5.15 (a) nun auch keine im ganzen Meßbereich linearen Verläufe mehr. Dennoch kann die Regression entsprechend $t_{DD} = b\,\Delta p_v^m$ (vgl. Abb. 5.15 (b)) für Teilbereiche zum Vergleich mit den Ergebnissen der Experimente mit Glaskugelschüttungen herangezogen werden.

Bei niedrigen Vorverdichtungen führt die weitere Komprimierung des Haufwerkes durch hohe Dampfdrücke zu längeren Aufheizzeiten als erwartet (m>-1). Bei hoher Vorverdichtung dagegen dominiert die Erhöhung der Permeabilität durch die Schrumpfung der Kohle den Prozeß und es werden wesentlich kürzere Aufheizzeiten erreicht (m<-1).

Das Verhältnis der Zeit des ersten Wasseraustrittes t_{WA} zur gesamten Aufheizzeit t_{DD} (vgl. Abb. 5.15 (c)) erreicht auch bei niedrigen Vorverdichtungen und Dampfdrücken nicht den Wert von 0.7 bei Glaskugeln was auf die höhere Wärmekapazität und geringere Porosität der Braunkohleschüttung zurückzuführen ist. Dementsprechend ist die Kondensatzone in der Braunkohleschüttung breiter, und das Wasser tritt früher aus. Bei hohen Temperaturen wird dieser Effekt durch das zusätzlich durch thermische Entwässerung entfernte Wasser (vgl. Abb. 5.13 (a)) noch verstärkt.

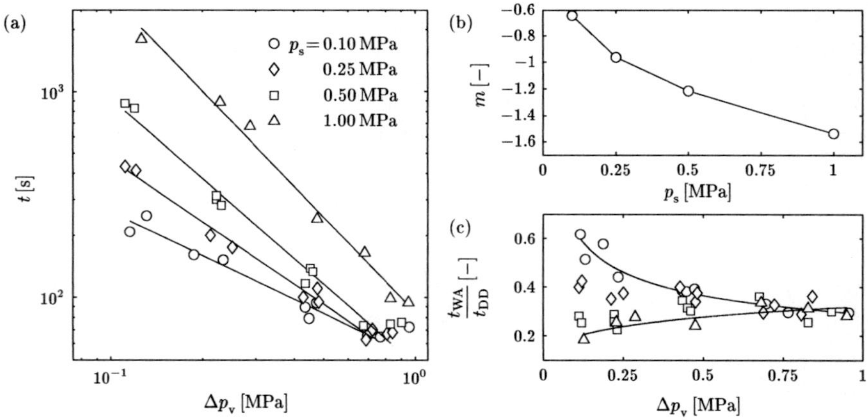

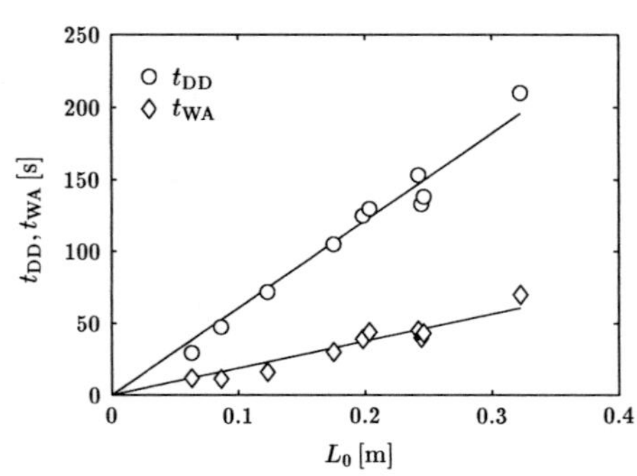

Abbildung 5.15: (oben)
Abhängigkeit der Aufheizzeit vom Dampfüberdruck (a), Änderung des Exponenten der Regression $t_{DD} = b\,\Delta p_v^m$ (b) und Verhältnis der Zeit des ersten Wasseraustritts zur Aufheizzeit (c)

Abbildung 5.16: (links)
Abhängigkeit der Aufheizzeit von der Anfangsschichthöhe bei p_v=0.6 MPa und p_s=0.5 MPa

Schichthöhenabhängigkeit

Die Ergebnisse einer ergänzenden Versuchsreihe zur Schichthöhenabhängigkeit der Aufheizung an der Technikums- und Laboranlage sind in Abbildung 5.16 dargestellt. Der Verlauf sowohl der Aufheizzeit als auch der Zeitpunkte des ersten Wasseraustrittes aus der Schüttung läßt sich, anders als die übliche Beschreibung z. B. nach Gleichung 2.27 vermuten ließe, nicht durch quadratische Funktionen, sondern eher durch Ursprungsgeraden beschreiben. Genau wie die Darstellung der Zeitabhängigkeit der Eindringtiefe der Kondensationsfront deutet dies darauf hin, daß nicht mehr allein die Dampfströmung die Kinetik der Aufheizung dominiert.

5.2.5 Permeabilitätsmessung mit Dampf

Da die Änderungen der Permeabilität während der Aufheizung durch die Temperaturabhängigkeit der Kohlestruktur entsprechend den Untersuchungen in Kapitel 4.1.3 zum Teil reversibel sind, scheiden Versuche mit thermischer Vorbehandlung und anschließender Luftdurchströmung bei Umgebungstemperatur zur Bestimmung der Permeabilität für die Dampfdurchströmung aus. Andererseits muß bei Messungen mit Dampfdurchströmung sichergestellt sein, daß in allen Versuchen einer Verdichtungsstufe die gleiche Temperatur vorliegt, welche auch möglichst über die Schüttungslänge konstant bleibt. Dies ist für eine Auswertung entsprechend Kapitel 5.1.5 erforderlich, weil bei der Korrelation der Daten von einer vergleichbaren Schüttungsstruktur ausgegangen wird. Da bei festgelegter Temperatur der einzige Freiheitsgrad zur Variation der Durchströmungsgeschwindigkeit die Schichthöhe ist, woraus ein hoher Versuchsaufwand resultiert, wurde eine andere, im folgenden beschriebene Vorgehensweise gewählt.

In zwei Meßreihen wurde Braunkohle bei geringen, durch ein Nadelventil am Schüttungsaustritt begrenzten Differenzdrücken durchströmt. Bei einer maximalen Temperaturdifferenz von 5 bis 10°C war zum einen eine ausreichend gleichmäßige thermische Behandlung der Braunkohle gewährleistet, zum anderen reichten die Differenzdrücke aus, um auch höhere Geschwindigkeiten zu erreichen. Dabei wurde in der ersten Meßreihe die Schüttung zunächst wie bei den früheren Versuchen aufgeheizt und anschließend der Gegendruck eingestellt, bei der zweiten Meßreihe wurde der Dampfdruck erst langsam erhöht, so daß keine Verdichtung durch den Fluiddruck stattfinden konnte.

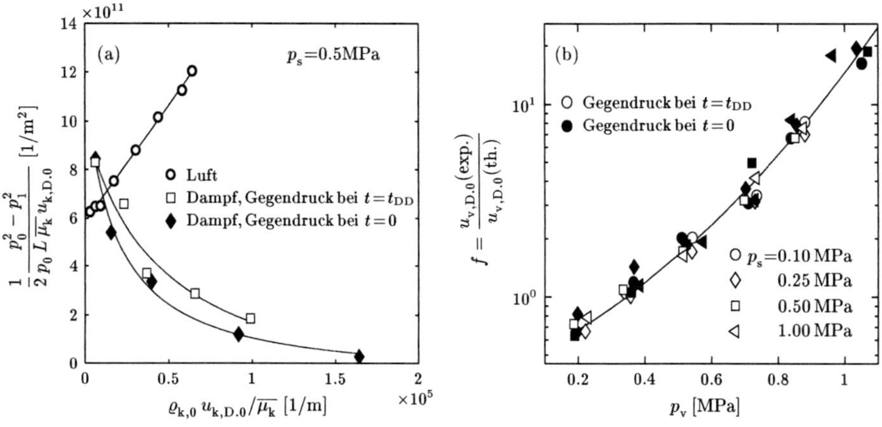

Abbildung 5.17: Ergebnisse der Durchströmungsversuche mit Dampf (Braunkohle)

Die Darstellung nach Abbildung 5.17 (a) ergibt für beide Meßreihen aufgrund der Änderung der Schüttungseigenschaften mit steigender Temperatur keinen linearen Verlauf entsprechend den Messungen mit Luft mehr. Daher ist in Abbildung 5.17 (b) das Verhältnis der experimentellen Anströmgeschwindigkeit $u_{\mathrm{v,D.0}}(\mathrm{exp.})$ zur theoretisch berechneten $u_{\mathrm{v,D.0}}(\mathrm{th.})$ dargestellt. Die theoretischen Werte wurden nach Gleichung 2.21 mit den Permeabilitäts- und Passabilitätswerten für Luft nach den Gleichungen 5.4 und 5.6 sowie unter Verwendung der Stoffdaten von Sattdampf berechnet. Die relative Permeabilität und Passabilität wurde zunächst zu eins gesetzt, die in die Gleichungen 5.4 und 5.6 einzusetzende Porosität wurde nach Gleichung 5.3 aus dem maximal auf die Schüttung wirkenden Druck $p_{\mathrm{s.max}} = \max(p_{\mathrm{s}}, \Delta p_{\mathrm{v}})$ berechnet.

Die gute Übereinstimmung der Meßdaten in Abbildung 5.17 (b) bestätigt zum einen die Annahme, daß der maximal auftretende Druck und nicht die Vorverdichtung die Durchströmbarkeit bestimmt. Zum anderen gibt die Größenordnung des Faktors f direkt einen Hinweis auf die Verbesserung der Permeabilität und Passabilität durch die thermischen Änderungen in der Schüttungsstruktur. Über die Definition von f lassen sich so relative Permeabilität und Passabilität aus Gleichung 2.21 zu

$$K_{\mathrm{v,r}} = f \qquad \eta_{\mathrm{v,r}} = f^2 \tag{5.7}$$

bestimmen. Der Faktor f selbst berechnet sich aus der Regression der experimentellen Daten zu

$$f = \exp(1.758 \cdot (p_{\mathrm{v}}/[\mathrm{MPa}])^2 + 1.715 \cdot p_{\mathrm{v}}/[\mathrm{MPa}] - 0.7992). \tag{5.8}$$

Da der Faktor f die Änderungen im Vergleich zur Durchströmung mit Luft beschreibt, sind für $K_{\mathrm{v,r}}$ Werte kleiner als 1 möglich, die die Erhöhung des Druckabfalls durch in der Schüttung verbliebenes Kondensat beschreiben. Der hier gemessene Bereich von 0.6 bis 0.8 bei p_{v}=0.2 MPa stimmt mit dem bei Glaskugeln (vgl. Tab. 5.1) bestimmten Wert von 0.72 gut überein. Der Anstieg bis auf f=20 bei 1.2 MPa dagegen gibt, wie oben erläutert, die Verbesserung der Durchströmbarkeit der Schüttung durch die Schaffung eines größeren Hohlraumvolumens bei der Schrumpfung der Kohle unter der Einwirkung hoher Temperaturen wieder.

5.3 Aufheizung von Braunkohle mit Heißwasser

Bei der technischen Umsetzung des MTE-Verfahrens ist die Vorwärmung der Schüttung durch heißes Abwasser ein wesentlicher Bestandteil des Verfahrens. Zusätzlich läßt sich durch die Untersuchung der Vorwärmung auch die Durchströmung der Schüttung bei Beaufschlagung mit hohen Fluiddrücken genauer untersuchen. Aus diesem Grunde werden im folgenden die entsprechenden Versuche vor allem mit Blick auf die Durchströmung mit Wasser vorgestellt.

5.3.1 Zeitlicher Verlauf der Aufheizung

In Abbildung 5.18 ist die kombinierte Aufheizung einer Schüttung durch Heißwasser und kondensierenden Sattdampf anhand der zeitlichen Temperaturverläufe (a) sowie der Leitfähigkeit des Strömungsmediums und des Wassermassenstromes (b) jeweils am Ein- und Austritt der Schüttung dargestellt.

Während bei der Aufheizung mit Dampf nur die zwei Abschnitte 1. bis zum ersten Austritt des Kondensates und 2. bis zum Dampfdurchbruch unterschieden werden können, treten in diesem Fall 4 Phasen auf:

1. Zufuhr von Heißwasser bis zur Sättigung der Schüttung nach etwa 20 s, vgl. Abb. 5.18 (b). Der Wassermassenstrom im Zulauf (–) nimmt kontinuierlich aufgrund der größeren Eindringtiefe der Wasserfront bei gleichbleibender Druckdifferenz ab.

2. Stationäre Durchströmung mit Wasser (20 s bis 50 s). Aus den experimentellen Daten dieser Durchströmungsphase lassen sich Permeabilitätsdaten gewinnen (vgl. Kap. 5.3.2). Besser als die in Kapitel 5.2.1 gemessenen Werte geben diese Daten auch die Verhältnisse beim Abströmen des Kondensates während der Aufheizung mit Dampf wieder, da hier die Braunkohle aufgrund der kurzen Meßzeiten u. a. nicht quellen kann.

3. Schnelles Eindringen des Dampfes bis zu den noch kalten Schüttungsregionen. Da keine Kondensation stattfindet, limitiert nur der Druckabfall des abfließenden Wassers die Geschwindigkeit der Dampffront. Der austretende Wassermassenstrom (···) steigt kurzzeitig (∼ 5 s) an.

4. Weiteres, verlangsamtes Eindringen der Kondensationsfront. Da nun wieder der für die Aufheizung notwendige Dampfmassenstrom mit höherer Geschwindigkeit an die Front transportiert wird, ist der Vorgang verlangsamt und der Massenstrom des austretenden Wassers auf etwa 20 Prozent des Maximalwertes abgesunken.

Zwar ist der Wärmeübergang in der Vorwärmphase nur unzureichend und die Temperaturen steigen verzögert an, mit Beginn der Bedampfung ist die weitere Aufheizung jedoch wieder durch die sprunghaften Anstiege der Schüttungstemperaturen beim Eintreffen der Kondensationsfront gekennzeichnet. Dabei wird während der Aufheizung mit Dampf in den unteren Schüttungsregionen weiter die thermische Energie des Vorwärmwassers an die Schüttung übertragen.

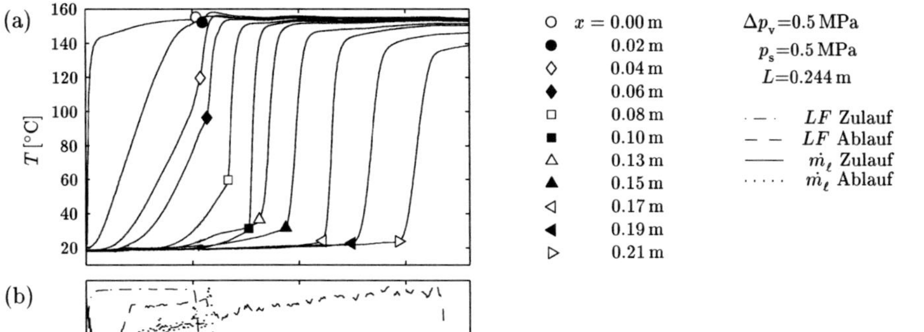

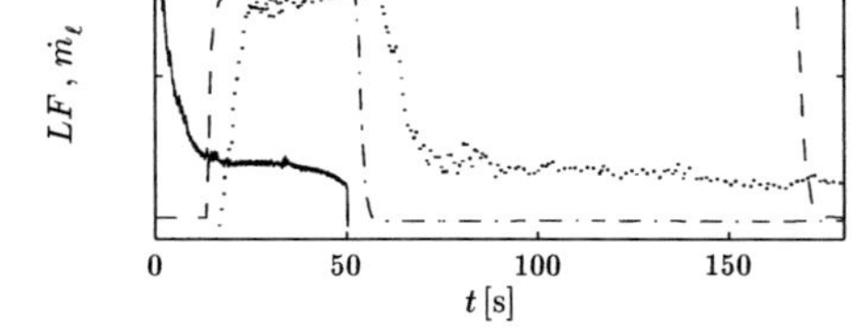

Abbildung 5.18:
Zeitlicher Verlauf der Temperatur bei der Aufheizung von Braunkohle mit Heißwasser und Dampf (a) sowie der zeitliche Verlauf der mit den Maximalwerten normierten Leitfähigkeiten und Wassermassenströme im Zu- und Ablauf (b)

Wie an den Temperaturen (▷) zu erkennen ist, tritt das gesamte Vorwärmwasser maximal 3°C wärmer als die anfängliche Schüttungstemperatur aus.

In Abbildung 5.19 sind die zeitabhängigen Temperaturverläufe für die Versuche mit kombinierter Aufheizung dargestellt. Bei fast allen Versuchen findet hier eine gleichmäßige Aufheizung statt. Die senkrechten punktierten Linien (···) geben den Zeitpunkt des Eintretens des Dampfes an, wobei hier schon deutlich wird, daß mit höheren Dampfdrücken und Vorverdichtungen der Anteil der Vorwärmphase an der gesamten Aufheizzeit steigt, vgl. auch Abb. 5.20 (c). Bei höheren Dampfdrücken ist wieder deutlich der steile Temperaturanstieg bis fast auf die Dampfeintrittstemperatur zu erkennen.

Anders als bei der Aufheizung mit Dampf ist bei diesen Verläufen eine genauere Analyse der Eindringgeschwindigkeit der Kondensationsfront schwer möglich, da die von Dampfdruck und Vorverdichtung abhängige Variation der Wärmeübertragungsbedingungen in der Vorwärmphase auch zu unterschiedlichen örtlichen Temperaturverläufen zu Beginn der Bedampfung führt.

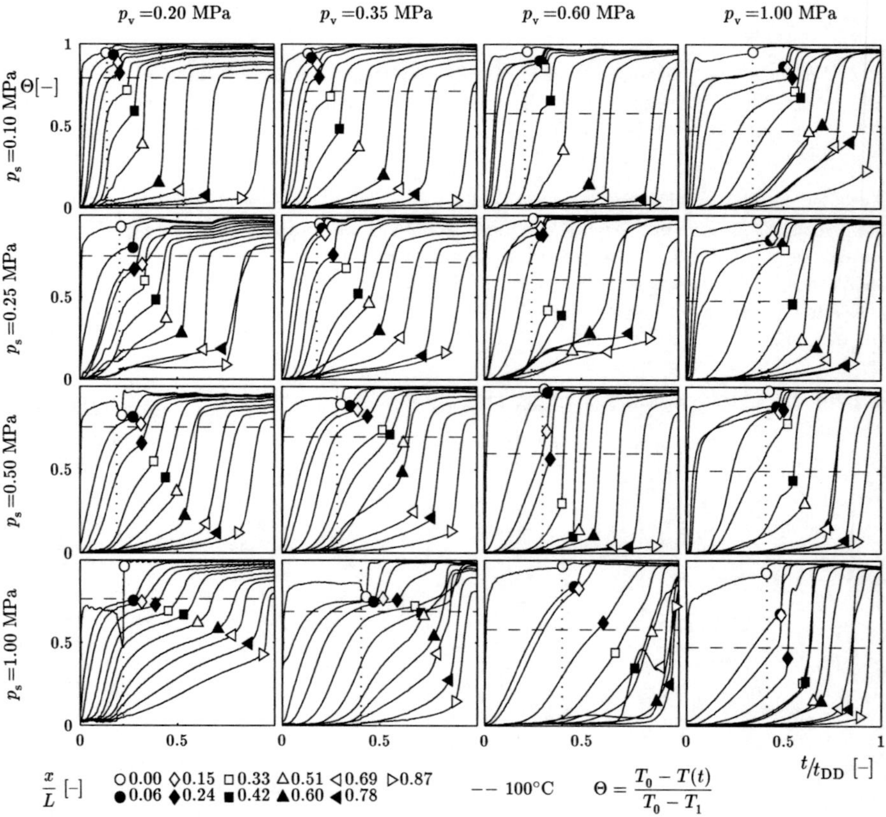

Abbildung 5.19:
Messungen des zeitlichen Verlaufes der normierten Temperatur Θ bei der Aufheizung von Braunkohle mit Dampf bei Variation des Vorverdichtungsdruckes p_s und Dampfdruckes p_v

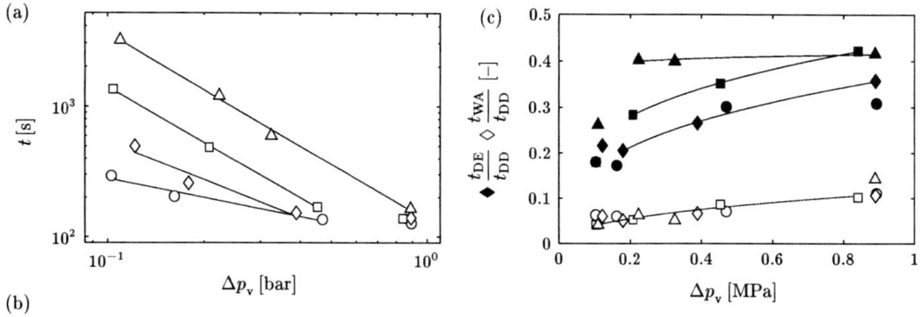

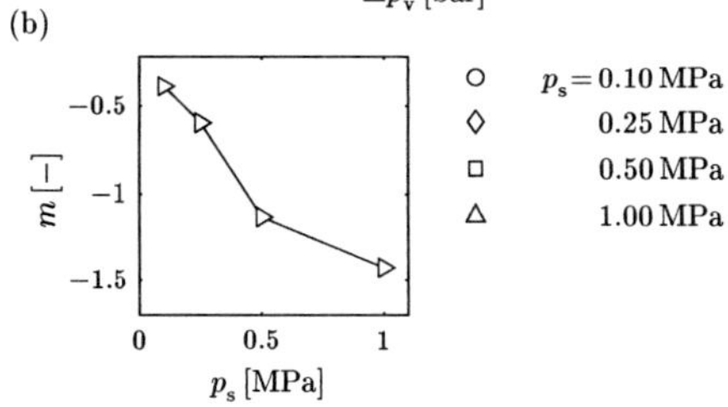

Abbildung 5.20:
Abhängigkeit der Aufheizzeit vom Dampfüberdruck (a), Änderung des Exponenten der Regression $t_{DD} = b\,\Delta p_v^m$ (b), Verhältnis der Zeit des ersten Wasseraustritts t_{WA} und des Dampfeintritts t_{DE} zur Aufheizzeit (c)

Bei der Betrachtung der gesamten Aufheizzeit in Abbildung 5.20 (a) ist wie bei den Versuchen mit reiner Bedampfung zu erkennen, daß bei niedrigen Vorverdichtungen selbst durch hohe Dampfdrücke keine wesentliche Beschleunigung der Aufheizung möglich ist ($m > -1$ in Abb. 5.20 (b)), da die Schüttung weiter komprimiert wird. Bei den Versuchen führt die Verdichtung des weiteren zu einem steigenden Anteil der Vorwärmungszeit an der gesamten Prozeßzeit, wie der Anstieg der Einströmzeit bis zum ersten Wasseraustritt t_{WA} und der Zeit bis zum Dampfeintritt t_{DE} (jeweils im Verhältnis zur gesamten Aufheizzeit) in Abbildung 5.20 (c) zeigt.

Während die Temperatur- und Druckverläufe über der Schüttungslänge denen nach der Aufheizung mit Dampf (vgl. Abb. 5.11) entsprechen, liegt das in Abbildung 5.21 dargestellte Niveau des Wassergehaltes aufgrund der gleichmäßigen Durchströmung mit Vorwärmwasser geringfügig höher.

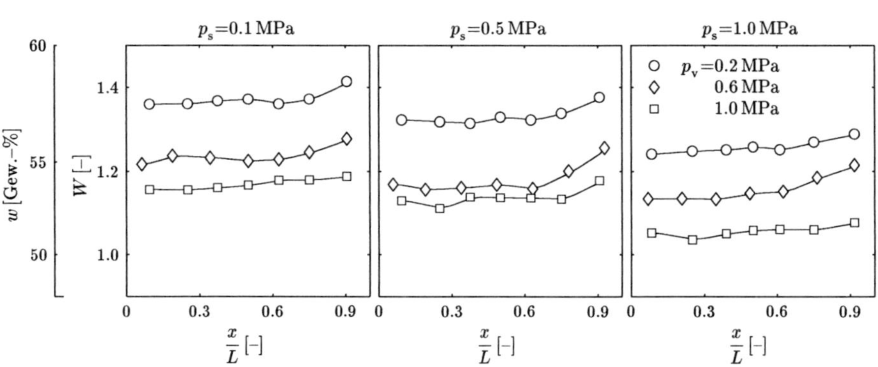

Abbildung 5.21: Verlauf des Wassergehaltes nach der Aufheizung mit Heißwasser und Dampf

5.3.2 Permeabilität bei kurzzeitiger Durchströmung mit Wasser

Bei nur kurzzeitiger Durchströmung mit Wasser ist von einer geringeren Abnahme der Permeabilität auszugehen als in Kapitel 5.2.1 für längere Meßzeiten (> 10 min) festgestellt wurde. Demzufolge sollen hier die zuletzt beschriebenen Versuche zur kombinierten Aufheizung auch zur Bestimmung von Permeabilitäten verwendet werden. Dazu wird im Bereich der stationären Durchströmungsphase (vgl. Abb. 5.18 (b)) unter Berücksichtigung des örtlichen Temperaturverlaufes aus dem Massenstrom die Permeabilität nach

$$K_\ell = \frac{1}{\Delta p}\frac{\overline{\mu_\ell}\,L}{\overline{\varrho_\ell}\,A}\dot{m} \qquad (5.9)$$

berechnet. Trägheitseffekte sind auszuschließen, da die Anströmgeschwindigkeiten trotz hoher Differenzdrücke aufgrund der großen Schichthöhen und geringen Porositäten sehr niedrig sind, so daß das DARCY-Gesetz für diesen Fall gültig ist. Die Ergebnisse der Berechnung sind in Abbildung 5.22 (a) als Funktion des Hohlraumvolumens dargestellt. Zusätzlich zu den Vorwärmungsversuchen wurde zur Validierung der Ergebnisse eine Meßreihe durchgeführt, bei der kaltes Wasser mittels Luftdruck durch die Schüttung gefördert wurde. Auch diese Ergebnisse (◁) sind dargestellt. Zum Vergleich sind außerdem die früheren Ergebnisse für Luft und Wasser anhand der Regressionsfunktionen (Gl. 5.4 und 5.5, Seite 66) eingezeichnet.

Generell sind die Permeabilitäten für die Wasserdurchströmung auch hier niedriger als für die Durchströmung mit Luft (Gl. 5.4), allerdings doch wesentlich höher als bei der Langzeitdurchströmung mit Wasser (Gl. 5.5). Die Verläufe der Kurven für einen konstanten Fluiddruck laufen bei hohen Verdichtungen und entsprechend niedrigem ε zusammen (-). Bei geringen Verdichtungen ergeben sich niedrigere Werte (- -). Da davon auszugehen ist, daß im Bereich niedriger Vorverdichtungen der Fluiddruck zur Verdichtung beiträgt und so die Permeabilität erniedrigt, ist es naheliegend, die Ergebnisse nicht über dem vor dem Versuch eingestellten Hohlraumvolumen sondern als Funktion des Hohlraumvolumens beim maximal auftretenden Verdichtungsdruck $p_{s.max} = \max(p_s, \Delta p_v, \Delta p_i)$ aufzutragen. Dieses Hohlraumvolumen $\varepsilon(p_{s.max})$ kann mit Gleichung 5.3 berechnet werden.

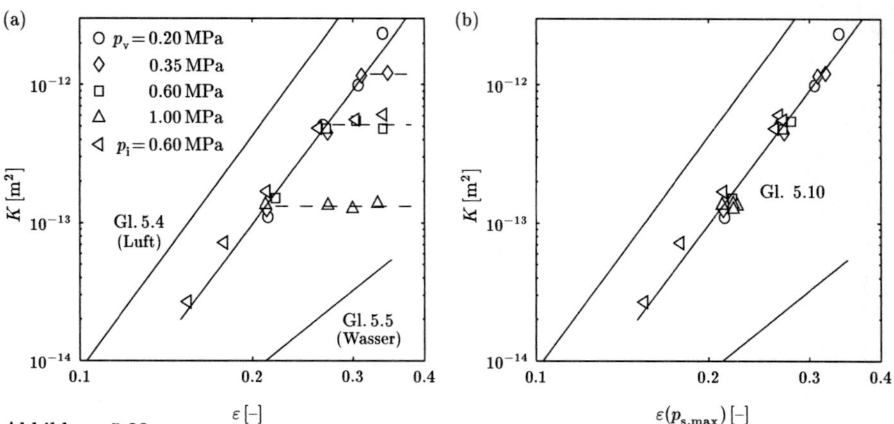

Abbildung 5.22:
Abhängigkeit der Permeabilität vom Hohlraumvolumen nach Vorverdichtung und Wasserdruck, Messungen mit Heiß- (○◇□△) und Kaltwasser (◁)

Da in jedem Fall die Wasserfront (wie auch die Dampffront) durch die Schüttung wandert, erfährt jede Schicht diese Verdichtung durch den Maximaldruck, vgl. auch Abb. 2.18 und 2.19, Seite 25 f.

In der entsprechend normierten Darstellung in Abbildung 5.22 (b) zeigt sich für den Meßbereich in der doppeltlogarithmischen Auftragung ein linearer, zu den Ergebnissen mit Luft nahezu paralleler Verlauf, der durch

$$K_\ell = 7.16 \cdot 10^{-10} \cdot \varepsilon(p_{s.max})^{5.53}\,\mathrm{m}^2 \tag{5.10}$$

approximiert werden kann.

5.4 Modell der Bedampfung

Anhand der Identifizierung der die Kinetik der Aufheizung von Schüttgütern mit Dampf dominierenden Einflußparameter in den Kapiteln 5.1 und 5.2 soll im folgenden eine integrale Analyse der Aufheizung durchgeführt werden. Dabei reicht es für die quasistationäre Behandlung der Transportgleichungen aus, vorauszusetzen, daß Energie- und Massenerhaltung auf makroskopischer Ebene erfüllt sind.

5.4.1 Annahmen

Da die experimentellen Untersuchungen gezeigt haben, daß während der Aufheizung innerhalb der Schüttung eine scharfe Trennung zwischen den Zonen besteht, in denen der Dampf zur Kondensationsfront strömt, das Kondensat abfließt und anfangs vorhandenes Gas verdrängt wird, soll diese Einteilung auch für die Bilanzierung verwendet werden. Für die einzelnen Zonen können entsprechend der schematischen Darstellung in Abbildung 5.23 folgende Annahmen getroffen werden:

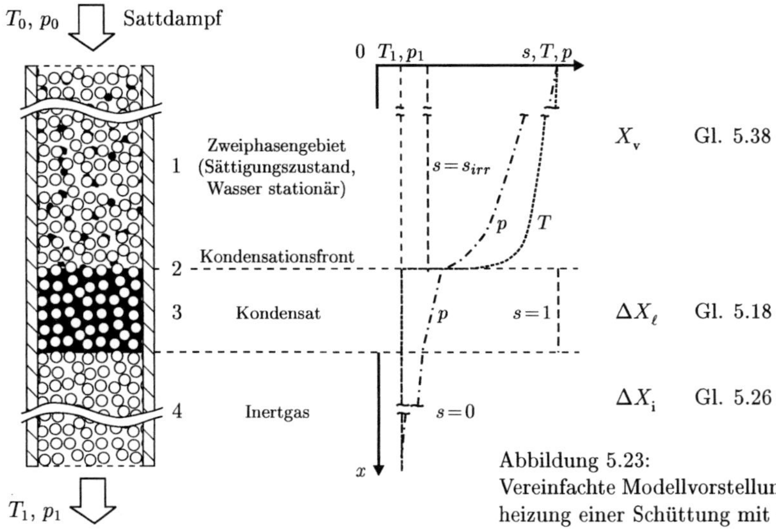

Abbildung 5.23:
Vereinfachte Modellvorstellung für die Aufheizung einer Schüttung mit Sattdampf

1. Die Dampfströmung hat eine Ausdehnung von ΔX_v bis zur Kondensationsfront. Hier liegt die Restflüssigkeit ortsfest vor, da nach dem Vorüberziehen der Front nur noch eine geringe Nachkondensation stattfindet, $s{=}s_{irr}{=}$const. Bei den untersuchten Partikelgrößen kann außerdem lokales thermisches Gleichgewicht (LTE) angenommen werden. Die Dampfphase verhält sich entsprechend der integralen ERGUN-FORCHHEIMER-Gleichung 2.28, wobei ihr nur das um die Sättigung reduzierte Hohlraumvolumen $\varepsilon\,(1-s_{irr})$ zur Verfügung steht.

2. Die Wärmeübertragung auf den Feststoff findet lokal an der Kondensationsfront statt.

3. Das Kondensat durchströmt bei voller Sättigung $s{=}1$ das Haufwerk und gehorcht aufgrund der geringen Geschwindigkeiten DARCYs Gesetz.

4. Das vom Kondensat verdrängte Inertgas (Luft) strömt ebenfalls entsprechend DARCYs Gesetz durch die trockene Schüttung und kann aufgrund des niedrigen Druckes stromab des Kondensates als inkompressibel betrachtet werden.

Zur Erfassung der experimentellen Randbedingungen werden außerdem die Faktoren f_V für Wärmeverluste und f_{st} zur Beschreibung der Aufheizung direkt an die Schüttung angrenzender Anlagenteile (Stahlrohr, Meßstutzen) eingeführt.

5.4.2 Modellgleichungen

Energiebilanz

Die makroskopische Energiebilanz zur Aufheizung der Schüttungslänge X_v, welche der Eindringtiefe des Dampfes entspricht, lautet

$$m_v(h_{v,0} - h_{\ell,U}) = A\,X_v\,\langle \varrho\, c_p\rangle\, f_V\,(\overline{T}_S - T_U). \tag{5.11}$$

Hier ist A die Anströmfläche der Schüttung, T_U die Anfangstemperatur, m_v die zugeführte Dampfmasse, welche vollständig kondensiert und zurückgekühlt wird, so daß die Enthalpiedifferenz $h_{v,0} - h_{\ell,U}$ für die Aufheizung nutzbar ist. Die mittlere Temperatur $\overline{T}_S$ aller Phasen im aufgeheizten Bereich (1) berechnet sich mit dem Druckverlauf nach Gleichung 5.1 zu

$$\overline{T}_S = \frac{1}{L}\int_0^L T_{v,S}(p_v(x))\,\mathrm{d}x\,, \tag{5.12}$$

und die volumenspezifische Wärmekapazität der Schüttung $\langle \varrho\, c_p\rangle$ ergibt sich aus den Beiträgen der Feststoffmatrix, der verbliebenen Flüssigkeit und des Speicherterms des Dampfes,

$$\langle \varrho\, c_p\rangle = \underbrace{(1-\varepsilon)\,\varrho_s\, c_{p,s}}_{\textit{Feststoffmatrix}}\; f_{st} + \underbrace{\varepsilon\, s_{irr}\,\overline{\varrho_{\ell,S}}\;\overline{c_{p,\ell,S}}}_{\textit{Restflüssigkeit}} + \underbrace{\varepsilon_v\,\overline{\varrho_{v,S}}\;\overline{c_{p,v,S}}}_{\textit{Dampf}} \tag{5.13}$$

mit $\varepsilon_v{=}\varepsilon\,(1-s_{irr})$. Der zur Erfassung der Aufheizung des umgebenden Stahlrohres eingeführte Faktor f_{st} wird hier der Aufheizung des Feststoffes zugeschlagen und berechnet sich aus

$$f_{st} = 1 + \frac{V_{st}\,\varrho_{st}\,c_{p,st}}{A\,L(1-\varepsilon)\,\varrho_s\,c_{p,s}}\;. \tag{5.14}$$

Aus der Energiebilanz lassen sich somit die zugeführte Dampfmasse und der einströmende Dampfmassenstrom bestimmen:

$$m_{\mathrm{v}} = A \, \frac{\langle \varrho \, c_p \rangle \, f_{\mathrm{V}} \, (\overline{T_{\mathrm{S}}} - T_{\mathrm{U}})}{h_{\mathrm{v},0} - h_{\ell,\mathrm{U}}} \, X_{\mathrm{v}} = A \, C_{\mathrm{Eb}} \, X_{\mathrm{v}} . \tag{5.15}$$

$$\frac{\mathrm{d}m_{\mathrm{v}}}{\mathrm{d}t} = A \, C_{\mathrm{Eb}} \, \frac{\mathrm{d}X_{\mathrm{v}}}{\mathrm{d}t} = \varepsilon_{\mathrm{v}} \, u_{\mathrm{v},0} \, \varrho_{\mathrm{v},0} \, A . \tag{5.16}$$

Massenbilanz

Bei der Aufstellung der Massenbilanz wird wie in Gleichung 5.13 die im Hohlraumvolumen verbliebene Flüssigkeit und der Dampf im Zweiphasengebiet sowie die Wassermasse der Kondensatzone berücksichtigt.

$$m_{\mathrm{v}} = A \, (\underbrace{X_{\mathrm{v}} \, \varepsilon \, s_{\mathrm{irr}} \, \overline{\varrho_{\ell,\mathrm{S}}}}_{\textit{Restflüssigkeit}} + \underbrace{X_{\mathrm{v}} \, \varepsilon_{\mathrm{v}} \, \overline{\varrho_{\mathrm{v},\mathrm{S}}}}_{\textit{Dampf}} + \underbrace{\Delta X_{\ell} \, \varepsilon \, \varrho_{\ell}}_{\textit{Kondensat}}) . \tag{5.17}$$

Mit Gleichung 5.15 läßt sich die Breite ΔX_{ℓ} der Kondensatzone zu

$$\Delta X_{\ell} = X_{\mathrm{v}} \, \frac{C_{\mathrm{Eb}} - \varepsilon \, s_{\mathrm{irr}} \, \overline{\varrho_{\ell,\mathrm{S}}} - \varepsilon \, (1 - s_{\mathrm{irr}}) \, \overline{\varrho_{\mathrm{v},\mathrm{S}}}}{\varepsilon \, \varrho_{\ell}} = C_{\mathrm{Mb}} \, X_{\mathrm{v}} \tag{5.18}$$

berechnen. Aus Gleichung 5.18 leitet sich dann auch die notwendige Bedingung zur Ausbildung einer Kondensatzone, $\Delta X_{\ell}/X_{\mathrm{v}} > 0$, ab. Gilt diese Beziehung nicht, ist $C_{\mathrm{Mb}} = 0$ zu setzen.

Kapillargeschwindigkeiten

Die Kapillargeschwindigkeiten (Porengeschwindigkeiten) von Dampf und Flüssigkeit innerhalb des Haufwerkes bestimmen sich aus der Energiebilanz 5.16 und Massenbilanz 5.18:

$$u_{\mathrm{v},0} = \frac{\mathrm{d}X_{\mathrm{v}}}{\mathrm{d}t} \left(\frac{C_{\mathrm{Eb}}}{\varepsilon_{\mathrm{v}} \, \varrho_{\mathrm{v},0}} \right) . \tag{5.19}$$

$$u_{\ell} = u_{\mathrm{i}} = \frac{\mathrm{d}X_{\mathrm{v}}}{\mathrm{d}t} + \frac{\mathrm{d}\Delta X_{\ell}}{\mathrm{d}t} = \frac{\mathrm{d}X_{\mathrm{v}}}{\mathrm{d}t} \, (1 + C_{\mathrm{Mb}}) . \tag{5.20}$$

Impulsbilanz

Bei der quasistationären Betrachtung der Aufheizung reicht es aus, die gesamte aufgeprägte Druckdifferenz der Summe der Druckabfälle in den einzelnen Zonen gleichzusetzen.

$$\Delta p = p_0 - p_1 = \sum \Delta p_k . \tag{5.21}$$

Da der Dampf im Zweiphasengebiet beim Transport zur Front wesentlich höhere Geschwindigkeiten erreicht als das Wasser der abströmenden Kondensatzone, wird hier der quadratische Term der ERGUN-FORCHHEIMER-Gleichung berücksichtigt. Aus Gleichung 2.28 ergibt sich dann

$$\Delta p_{\mathrm{v}} = p_0 - p_0 \sqrt{1 - 2 \frac{\varepsilon_{\mathrm{v}} \, u_{\mathrm{v},0}}{p_0} \left(\frac{\overline{\mu_{\mathrm{v},\mathrm{S}}}}{K_{\mathrm{v}}} + \frac{\varrho_{\mathrm{v},0}}{\eta_{\mathrm{v}}} \, \varepsilon_{\mathrm{v}} \, u_{\mathrm{v},0} \right) X_{\mathrm{v}}} . \tag{5.22}$$

Kondensat und Inertgas bewegen sich nur langsam mit der um den Kondensationsmassenstrom leicht erhöhten Frontgeschwindigkeit durch die Schüttung, so daß der Ansatz des DARCY-Gesetzes ausreicht.

$$\Delta p_\ell = \frac{\mu_\ell}{K_\ell}\,\varepsilon\, u_\ell\, \Delta X_\ell\,. \tag{5.23}$$

$$\Delta p_{\rm i} = \frac{\mu_{\rm i}}{K_{\rm i}}\,\varepsilon\, u_{\rm i}\, \Delta X_{\rm i}\,. \tag{5.24}$$

Für den gesamten Druckabfall ergibt sich somit

$$\Delta p = p_0 - p_0\sqrt{1-2\frac{\varepsilon_{\rm v}\, u_{\rm v,0}}{p_0}\left(\frac{\overline{\mu_{\rm v,S}}}{K_{\rm v}} + \frac{\varrho_{\rm v,0}}{\eta_{\rm v}}\,\varepsilon_{\rm v}\, u_{\rm v,0}\right) X_{\rm v}} + \frac{\mu_\ell}{K_\ell}\,\varepsilon\, u_\ell\, \Delta X_\ell + \frac{\mu_{\rm i}}{K_{\rm i}}\,\varepsilon\, u_{\rm i}\, \Delta X_{\rm i}\,. \tag{5.25}$$

Bis zum ersten Wasseraustritt bei $X_{\rm v} = L/(1 + C_{\rm Mb})$ gilt für die Breite der Inertgaszone

$$\Delta X_{\rm i} = L - X_{\rm v} - \Delta X_\ell\,. \tag{5.26}$$

Mit den Gleichungen 5.18 bis 5.20 und 5.26 lautet Gleichung 5.25 für die Zeit vor dem ersten Wasseraustritt aus der Schüttung ($X_{\rm v} + \Delta X_\ell \le L$)

$$\begin{aligned}\Delta p =& p_0 - p_0\sqrt{1 - 2\frac{C_{\rm Eb}^2}{\varrho_{\rm v,0}\, p_0\, \eta_{\rm v}}\left(\frac{\overline{\mu_{\rm v,S}}\,\eta_{\rm v}}{C_{\rm Eb}\, K_{\rm v}} + \frac{{\rm d}X_{\rm v}}{{\rm d}t}\right)\frac{{\rm d}X_{\rm v}}{{\rm d}t} X_{\rm v}} \\ &+ \left[\frac{\mu_\ell}{K_\ell}\,\varepsilon\, C_{\rm Mb}\, X_{\rm v} + \frac{\mu_{\rm i}}{K_{\rm i}}\,\varepsilon\,(L - X_{\rm v}(C_{\rm Mb}+1))\right](1 + C_{\rm Mb})\,\frac{{\rm d}X_{\rm v}}{{\rm d}t}\end{aligned} \tag{5.27}$$

und mit $\Delta X_{\rm i} = 0$ und $\Delta X_\ell = L - X_{\rm v}$ nach dem ersten Wasseraustritt

$$\begin{aligned}\Delta p =& p_0 - p_0\sqrt{1 - 2\frac{C_{\rm Eb}^2}{\varrho_{\rm v,0}\, p_0\, \eta_{\rm v}}\left(\frac{\overline{\mu_{\rm v,S}}\,\eta_{\rm v}}{C_{\rm Eb}\, K_{\rm v}} + \frac{{\rm d}X_{\rm v}}{{\rm d}t}\right)\frac{{\rm d}X_{\rm v}}{{\rm d}t} X_{\rm v}} \\ &+ \left[\frac{\mu_\ell}{K_\ell}\,\varepsilon\,(C_{\rm Mb}+1)(L - X_{\rm v})\right]\frac{{\rm d}X_{\rm v}}{{\rm d}t}.\end{aligned} \tag{5.28}$$

Beide Gleichungen lassen sich nun in folgende Form bringen:

$$\sqrt{1 - C_1\, X_{\rm v}\left(C_2 + \frac{{\rm d}X_{\rm v}}{{\rm d}t}\right)\frac{{\rm d}X_{\rm v}}{{\rm d}t}} = (X_{\rm v}\, C_3 + C_4)\,\frac{{\rm d}X_{\rm v}}{{\rm d}t} + C_5\,. \tag{5.29}$$

Dabei bedeuten die Konstanten C_1 bis C_5

$$C_1 = 2\frac{C_{\rm Eb}^2}{\varrho_{\rm v,0}\, p_0\, \eta_{\rm v}}\,, \qquad C_2 = \frac{\overline{\mu_{\rm v,S}}\,\eta_{\rm v}}{C_{\rm Eb}\, K_{\rm v}}\,, \qquad C_5 = \frac{p_0 - \Delta p}{p_0}\,,$$

$$\left.\begin{aligned} C_3 &= \frac{C_{\rm Mb}+1}{p_0}\left[\frac{\mu_\ell}{K_{\rm v}}\,\varepsilon\, C_{\rm Mb} - \frac{\mu_{\rm i}}{K_{\rm i}}\,\varepsilon\,(C_{\rm Mb}+1)\right] \\ C_4 &= \frac{C_{\rm Mb}+1}{p_0}\,\frac{\mu_{\rm i}}{K_{\rm i}}\,\varepsilon\, L \end{aligned}\right\}\ \text{für } X_{\rm v} + \Delta X_\ell \le L \text{ und} \tag{5.30}$$

$$\left.\begin{aligned} C_3 &= -\frac{C_{\rm Mb}+1}{p_0}\,\frac{\mu_\ell}{K_\ell}\,\varepsilon \\ C_4 &= \frac{C_{\rm Mb}+1}{p_0}\,\frac{\mu_\ell}{K_\ell}\,\varepsilon\, L \end{aligned}\right\}\ \text{für } X_{\rm v} + \Delta X_\ell \ge L. \tag{5.31}$$

Nach einer Umformung zu

$$f_1(X_v)\left(\frac{dX_v}{dt}\right)^2 + f_2(X_v)\,\frac{dX_v}{dt} = C_6 \tag{5.32}$$

mit $f_1(X_v)$, $f_2(X_v)$ und C_6 entsprechend

$$\begin{aligned} f_1(X_v) &= (C_3\,X_v + C_4)^2 + C_1\,X_v\,, \\ f_2(X_v) &= (C_3\,X_v + C_4)\,2\,C_5 + C_1\,C_2\,X_v \quad \text{und} \\ C_6 &= 1 - C_5^2 \end{aligned} \tag{5.33}$$

folgt aus Gleichung 5.29

$$\frac{1}{2\,C_6}\left(f_2(X_v) \pm \sqrt{f_2(X_v)^2 + 4\,f_1(X_v)\,C_6}\right)\frac{dX_v}{dt} = 1. \tag{5.34}$$

Da nur die Lösung mit positivem Vorzeichen ein physikalisch sinnvolles Ergebnis liefert, muß abschließend die folgende Integralgleichung gelöst werden:

$$\frac{1}{2\,C_6}\left(\int C_7\,X_v + C_8\;dX_v + \int \sqrt{C_9\,X_v^2 + C_{10}\,X_v + C_{11}}\,dX_v\right) = \int dt. \tag{5.35}$$

Dabei bedeuten die Konstanten C_7 bis C_{11}

$$\begin{aligned} C_7 &= 2\,C_3\,C_5 + C_1\,C_2\,, \\ C_8 &= 2\,C_4\,C_5\,, \\ C_9 &= C_7^2 + 4\,C_3^2\,C_6\,, \\ C_{10} &= 2\,C_7\,C_8 + 4\,(C_1 + 2\,C_3\,C_4)C_6\,, \\ C_{11} &= C_8^2 + 4\,C_4^2\,C_6. \end{aligned} \tag{5.36}$$

Das zweite Integral aus Gleichung 5.35 läßt sich mit der Substitution

$$\sqrt{C_9\,X_v^2 + C_{10}\,X_v + C_{11}} = z - \sqrt{C_9}\left(X_v + \frac{1}{2}\frac{C_{10}}{C_9}\right) \tag{5.37}$$

lösen, so daß sich die Aufheizzeit wie folgt berechnen läßt:

$$\begin{aligned} t = \frac{1}{2\,C_6}\Bigg(&\frac{1}{2}C_7\,X_v^2 + C_8\,X_v + \frac{1}{2}\left(X_v + \frac{1}{2}\frac{C_{10}}{C_9}\right)\sqrt{C_9\,X_v^2 + C_{10}\,X_v + C_{11}} \\ &+ C_{12}\ln\left[\sqrt{C_9}\left(X_v + \frac{1}{2}\frac{C_{10}}{C_9}\right) + \sqrt{C_9\,X_v^2 + C_{10}\,X_v + C_{11}}\right]\Bigg) + \text{const.} \end{aligned} \tag{5.38}$$

$$\text{mit}\quad C_{12} = \frac{1}{8}\sqrt{C_9}\left[4\frac{C_{11}}{C_9} - \left(\frac{C_{10}}{C_9}\right)^2\right].$$

Die Integrationskonstante ergibt sich aus den Randbedingungen

$$\begin{aligned} &\text{1. für die Zeit vor dem ersten Wasseraustritt} \quad && X_v(t=0) = 0 \quad \text{und} \\ &\text{2. für die Zeit nach dem ersten Wasseraustritt} \quad && X_v(t_{WA}) = \frac{L}{1 + C_{Mb}}. \end{aligned} \tag{5.39}$$

5.4.3 Analyse möglicher Grenzfälle

Aus dieser Gleichung lassen sich nun auch die Lösungen der weiter vereinfachten Modelle aus Tabelle 2.5 (b) (Seite 23) ableiten. Da die Druckabfälle in Flüssigkeits- und Gasströmung (Bereiche 3 und 4, vgl. Abb. 5.23) in diesen Modellen nicht berücksichtigt werden, vereinfacht sich die Bilanzierung, so daß sich für die Betrachtung einer kompressiblen Dampfströmung

$$\frac{1}{2}\frac{p_0^2 - p_1^2}{p_0} = \frac{C_{\mathrm{Eb}}^2}{\varrho_{\mathrm{v},0}\, r_{\mathrm{v}}} \left(\frac{\overline{\mu_{\mathrm{v,S}}}\, \eta_{\mathrm{v}}}{C_{\mathrm{Eb}}\, K_{\mathrm{v}}} + \frac{\mathrm{d}X_{\mathrm{v}}}{\mathrm{d}t} \right) \frac{\mathrm{d}X_{\mathrm{v}}}{\mathrm{d}t} X_{\mathrm{v}} \tag{5.40}$$

bzw.

$$\frac{1}{2}\frac{p_0^2 - p_1^2}{p_0} \frac{\varrho_{\mathrm{v},0}\, K_{\mathrm{v}}}{C_{\mathrm{Eb}}\, \overline{\mu_{\mathrm{v,S}}}} = \frac{\mathrm{d}X_{\mathrm{v}}}{\mathrm{d}t} X_{\mathrm{v}} + \frac{K_{\mathrm{v}}\, C_{\mathrm{Eb}}}{\eta_{\mathrm{v}}\, \overline{\mu_{\mathrm{v,S}}}} \left(\frac{\mathrm{d}X_{\mathrm{v}}}{\mathrm{d}t} \right)^2 X_{\mathrm{v}} \tag{5.41}$$

ergibt. Entsprechend lautet die Gleichung für die inkompressible Betrachtung

$$(p_0 - p_1) \frac{\varrho_{\mathrm{v},0}\, K_{\mathrm{v}}}{C_{\mathrm{Eb}}\, \overline{\mu_{\mathrm{v,S}}}} = \frac{\mathrm{d}X_{\mathrm{v}}}{\mathrm{d}t} X_{\mathrm{v}} + \frac{K_{\mathrm{v}}\, C_{\mathrm{Eb}}}{\eta_{\mathrm{v}}\, \overline{\mu_{\mathrm{v,S}}}} \frac{\overline{\varrho_{\mathrm{v,S}}}}{\varrho_{\mathrm{v},0}} \left(\frac{\mathrm{d}X_{\mathrm{v}}}{\mathrm{d}t} \right)^2 X_{\mathrm{v}}. \tag{5.42}$$

Beide Gleichungen haben die Form

$$C_{13} = \frac{\mathrm{d}X_{\mathrm{v}}}{\mathrm{d}t} X_{\mathrm{v}} + C_{14} \left(\frac{\mathrm{d}X_{\mathrm{v}}}{\mathrm{d}t} \right)^2 X_{\mathrm{v}} \tag{5.43}$$

mit den Konstanten

$$C_{13} = \frac{1}{2}\frac{p_0^2 - p_1^2}{p_0} \frac{\varrho_{\mathrm{v},0}\, K_{\mathrm{v}}}{C_{\mathrm{Eb}}\, \overline{\mu_{\mathrm{v,S}}}}, \quad C_{14} = \frac{K_{\mathrm{v}}\, C_{\mathrm{Eb}}}{\eta_{\mathrm{v}}\, \overline{\mu_{\mathrm{v,S}}}} \qquad \text{(kompressibel)} \quad \text{bzw.} \tag{5.44}$$

$$C_{13} = (p_0 - p_1) \frac{\varrho_{\mathrm{v},0}\, K_{\mathrm{v}}}{C_{\mathrm{Eb}}\, \overline{\mu_{\mathrm{v,S}}}}, \quad C_{14} = \frac{K_{\mathrm{v}}\, C_{\mathrm{Eb}}}{\eta_{\mathrm{v}}\, \overline{\mu_{\mathrm{v,S}}}} \frac{\overline{\varrho_{\mathrm{v,S}}}}{\varrho_{\mathrm{v},0}} \qquad \text{(inkompressibel)} \tag{5.45}$$

und lassen sich wie Gleichung 5.32 lösen. Für die Anfangsbedingung $X_{\mathrm{v}}(\mathrm{t}{=}0){=}0$ ergibt sich

$$\begin{aligned} t = \frac{1}{2\, C_{13}} \Bigg(& \frac{1}{2} X_{\mathrm{v}}^2 + \frac{1}{2} \left(X_{\mathrm{v}} + \frac{1}{2}(4\, C_{13} C_{14}) \right) \sqrt{X_{\mathrm{v}}^2 + (4\, C_{13} C_{14})\, X_{\mathrm{v}}} \\ & - \frac{1}{8}(4\, C_{13} C_{14})^2 \ln \left[X_{\mathrm{v}} + \frac{1}{2}(4\, C_{13} C_{14}) + \sqrt{X_{\mathrm{v}}^2 + (4\, C_{13} C_{14})\, X_{\mathrm{v}}} \right] \\ & + \frac{1}{8}(4\, C_{13} C_{14})^2 \ln \left[\frac{1}{2}(4\, C_{13} C_{14}) \right] \Bigg). \end{aligned} \tag{5.46}$$

Wird der Trägheitsterm vernachlässigt ($C_{14} \to 0$), so vereinfacht sich die Lösung weiter zu

$$t = \frac{1}{2\, C_{13}} X_{\mathrm{v}}^2 \qquad \text{bzw.} \qquad X_{\mathrm{v}} = \sqrt{2\, C_{13}\, t}. \tag{5.47}$$

Diese Gleichung entspricht in der inkompressiblen Form (C_{13} nach Gl. 5.45) der Lösung von Brouwers [Bro96]. Auch in der kompressiblen Form (C_{13} nach Gl. 5.44) gilt Gleichung 5.47 nur für den Fall, daß über die gesamte Zeit des Einströmens nur Reibungseffekte die Strömungsmechanik beeinflussen, also das Darcy-Gesetz gilt.

Während Gleichung 5.47 das Verhalten der Kondensationsfront bei langen Zeiten bzw. großen Eindringtiefen ausreichend beschreiben sollte, ist als Abschätzung für den Beginn der Aufheizung die Lösung der Differentialgleichung 5.43 unter Vernachlässigung des Reibungstermes möglich:

$$X_v = \left(\frac{3}{2} \sqrt{\frac{C_{13}}{C_{14}}}\, t \right)^{2/3} . \tag{5.48}$$

Eine ähnliche Asymptote berechneten NILSON und MONTOYA [NM80] für ihr vereinfachtes Modell, vgl. Tab. 2.5. Neben den zwei durch die Gleichungen 5.47 und 5.48 beschriebenen Grenzfällen besteht auch die Möglichkeit, daß der Druckabfall der Dampfphase einen weniger dominierenden Einfluß zeigt. Dies ist z. B. der Fall, wenn die Schüttung zu Beginn der Aufheizung mit Wasser gefüllt ist und/oder der Druckabfall der Kondensatströmung wesentlich höher als derjenige der Dampfströmung ist. Dies trifft bei Braunkohle für hohe Dampfdrücke zu, wie die Messungen der Permeabilitäten gezeigt haben. Weitere verfahrenstechnisch relevante Anwendungsfälle, bei denen die Kinetik besonders durch den Druckabfall des Wassers dominiert wird, sind die Dampf- und Druckluftentwässerung [Gerl99, Nic99]. Dabei wird das zugeführte Medium nur zur Verdrängung der Flüssigkeit genutzt. Da bei der Luftdruckentwässerung auch der Transport zur Front entfällt, dominiert hier der Flüssigkeitsdruckabfall. Durch entsprechend einfache Modifikationen der Massen- und Energiebilanz und Addition eines Kapillardrucktermes in Gleichung 5.21 für feine Partikel ist das hier dargestellte Modell auch für die Berechnung solcher Prozesse einsetzbar. An dieser Stelle soll jedoch nur der Grenzfall eines vernachlässigbaren Druckabfalls der verdrängenden Phase betrachtet werden, für den sich aus der Integration von Gleichung 5.28 bei Vernachlässigung der Dampfphase der Zusammenhang

$$t = C \left(L\, X_v - \frac{1}{2} X_v^2 \right) \tag{5.49}$$

ergibt, bei dem für kleine Eindringtiefen X_v proportional zu t ist. Die in den Gleichungen 5.47 und 5.48 auftretenden Exponenten $1/2$ und $2/3$ sowie der Exponent 1 für kleine Zeiten t in Gleichung 5.49 bestätigen, daß die wesentlichen bei den Experimenten auftretenden Effekte auch durch das Modell beschrieben werden, vgl. Abb. 5.6 (b) und 5.14 (b).

Die bei der Aufheizung der trockenen Glaskugelschüttung auftretenden Regressionsexponenten in Abbildung 5.6 (b) (Seite 64) zwischen $1/2$ und $2/3$ sind somit auf die dominierenden Reibungs- bzw. Trägheitseffekte bei vernachlässigbarem Einfluß der Wasserströmung zurückzuführen.

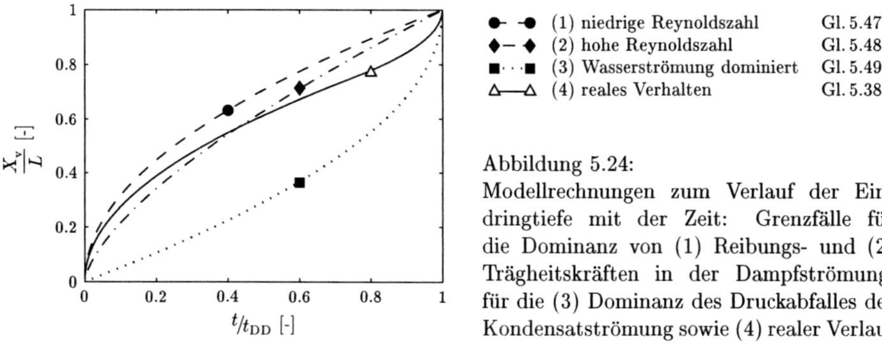

Abbildung 5.24:
Modellrechnungen zum Verlauf der Eindringtiefe mit der Zeit: Grenzfälle für die Dominanz von (1) Reibungs- und (2) Trägheitskräften in der Dampfströmung, für die (3) Dominanz des Druckabfalles der Kondensatströmung sowie (4) realer Verlauf

Werte zwischen $^2/_3$ und 1 für die Aufheizung der mit Wasser gefüllten Glaskugelschüttung und die Aufheizung von Braunkohle (Abb. 5.14 (b), Seite 71) zeigen als Mittelwerte der gesamten Aufheizung an, daß nicht ein bestimmter Grenzfall vorliegt, sondern alle Einflüsse die Kinetik zeitlich nacheinander bestimmen. In Abbildung 5.24 sind die Eindringtiefen der Kondensationsfront anhand der drei Grenzfälle und eines realen Verlaufes zur Veranschaulichung gemeinsam in normierter Form dargestellt.

5.5 Vergleich mit den experimentellen Ergebnissen

Im folgenden werden die experimentellen Ergebnisse bei der Aufheizung mittels Dampf und die Berechnungen mit Hilfe der Modellgleichungen miteinander verglichen. Die notwendigen Konstanten für die Impulsbilanz wurden bereits aus unabhängigen Experimenten bestimmt. Alle weiteren Daten sind in Tabelle 5.2 aufgeführt.

Glaskugelschüttungen

In Abbildung 5.25 (a) sind die nach Gleichung 5.38 berechneten Aufheizzeiten t_{DD} sowie die Zeiten des ersten Wasseraustrittes t_{WA} für die Versuche mit Glaskugeln dargestellt. Bei allen vier Meßreihen zeigt sich eine gute Übereinstimmung mit den theoretischen Berechnungen, was zum einen das Modell, zum anderen aber auch die experimentell bestimmten Kenngrößen der Durchströmung bestätigt. Der Vergleich mit den weiter vereinfachten Modellen in Abbildungsteil (b) bekräftigt, daß sowohl Trägheitskräfte als auch die Kompressibilität der Dampfphase mit berücksichtigt werden müssen und weitere Vereinfachungen nicht zulässig sind.

Der Vergleich der Modellrechnungen mit den gemessenen Verläufen der Eindringtiefe X_{v} der Kondensationsfront als Funktion der Zeit (a) sowie der Kondensationsfrontgeschwindigkeit als Funktion der Eindringtiefe (b) für die Aufheizung der trockenen und mit Wasser gefüllten Schüttung GK 1 ist in Abbildung 5.26 dargestellt. Hierbei zeigt sich, daß sowohl die anfänglich hohen Geschwindigkeiten durch die Berücksichtigung des Trägheitstermes genau berechnet werden als auch der bremsende Einfluß des Wassers durch die Einbeziehung der Kondensatzone gut beschrieben wird.

Da der örtliche Druckverlauf nach Gleichung 5.1 schon mit den stationären Meßwerten in Abbildung 5.2 gut übereinstimmte und deshalb zur Beschreibung der Dampfphase herangezo-

Tabelle 5.2: Modelldaten für die Berechnungen

		GK 1	GK 2	Braunkohle	
$c_{p,\mathrm{s}}$	[kJ/kg]	0.80		$w_0\, c_{p,\ell} + (1 - w_0)\, c_{p,\mathrm{s.tr}}$ ‡	$c_{p,\mathrm{s.tr}}$=1.35 kJ/kg
ϱ_{s}	[kg/m³]	2430		$(w_0/\varrho_\ell + (1 - w_0)/\varrho_{\mathrm{s.tr}})^{-1}$ ‡	$\varrho_{\mathrm{s.tr}}$=1540 kg/m³
ε	[-]	0.33	0.35	$\varepsilon(p_{\mathrm{s.max}} = \max(p_{\mathrm{s}}, \Delta p_{\mathrm{v}}))$	Gl. 5.3
s^*	[-]	Abb. 5.4		$(W_\infty - W_0)(1 - w_0)FB(\varepsilon\, L\, \varrho_\ell)^{-1}$	Abb. 5.13 (W_∞)
K_{i}	[m²]	$6.04{\cdot}10^{-11}$	$6.76{\cdot}10^{-12}$	$f(\varepsilon)$	Gl. 5.4
K_ℓ	[m²]	K_{i}		$f(\varepsilon)$	Gl. 5.10
K_{v}	[m²]	$4.31{\cdot}10^{-11}$	$4.90{\cdot}10^{-12}$	$K_{\mathrm{v,r}}(p_{\mathrm{v}}) \cdot K_{\mathrm{i}}(\varepsilon)$	Gln. 5.4 5.7 5.8
η_{v}	[m]	$4.64{\cdot}10^{-06}$	$1.02{\cdot}10^{-06}$	$\eta_{\mathrm{v,r}}(p_{\mathrm{v}}) \cdot \eta_{\mathrm{i}}(\varepsilon)$	Gln. 5.6 5.7 5.8
f_{st}	[-]	1.43♯, 4.72†		6.7	
$f_{\mathrm{V}}{}^*$	[-]	1.05-1.20		1.05-1.35	

* entsprechend den experimentellen Ergebnissen ♯ GK 1, GK 2 in VB 3
‡ Wasser und Dampf entsprechend IAPWS-IF97 [WCD+00] † GK 2 in VB 2b

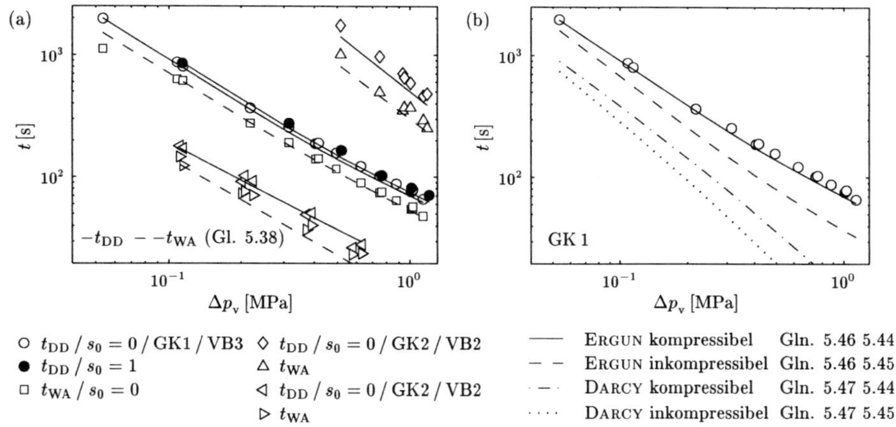

Abbildung 5.25: Vergleich der experimentellen Aufheizzeiten mit den Modellrechnungen

gen wurde, ist in Abbildung 5.27 ein Vergleich der zeitabhängigen Temperatur- und Druckverläufe dargestellt. Auch hier wird das reale Verhalten gut wiedergegeben. Im Fall der wassergefüllten Schüttung wird noch einmal deutlich, daß zu Beginn der Aufheizung der Druckabfall der Flüssigkeitströmung dominiert. Geringe Abweichungen in den Druckverläufen sind zum Teil auf die Trägheit der Meßaufnehmer zurückzuführen.

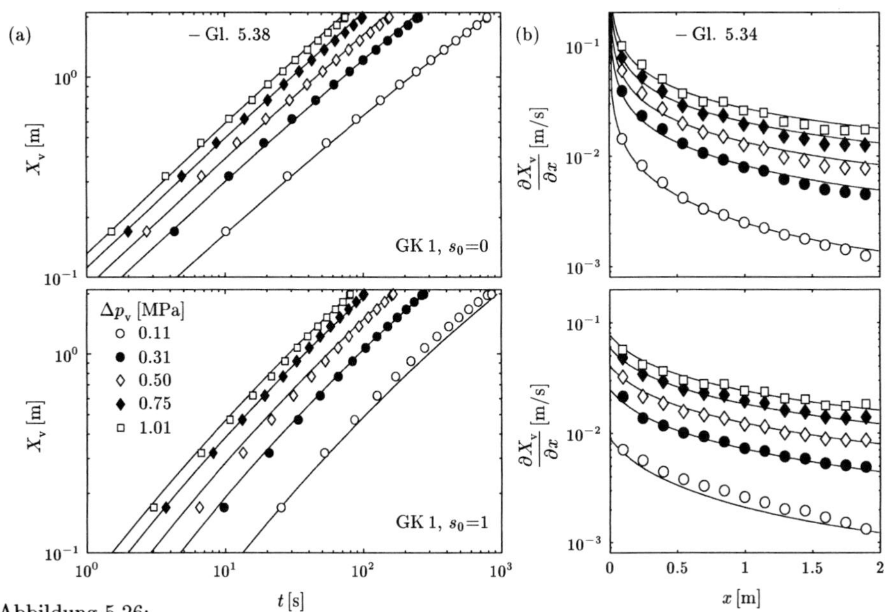

Abbildung 5.26:
Experimentelle und berechnete Eindringtiefen (a) bzw. Geschwindigkeiten (b) der Front (GK 1)

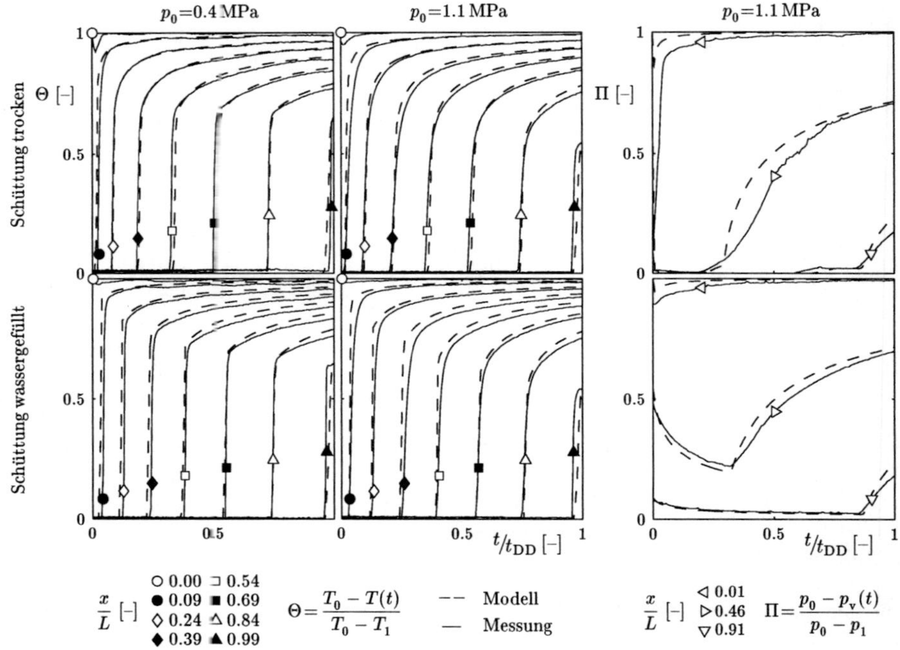

Abbildung 5.27: Vergleich gemessener und berechneter Temperatur- und Druckverläufe (GK 1)

Des weiteren muß bei allen Vergleichen berücksichtigt werden, daß die im Experiment unvermeidlichen Wärmeverluste aufgrund der Struktur der Modellgleichungen nur zeitlich und örtlich gemittelt berücksichtigt werden können, da ansonsten keine analytische Lösung mehr möglich ist. Zusammenfassend kann jedoch gesagt werden, daß experimentelle und berechnete Verläufe aller erfaßten Meßgrößen eine sehr gute Übereinstimmung zeigen, was nicht zuletzt auch auf die gute Reproduzierbarkeit der Messungen und die konstanten Haufwerkseigenschaften bei der Untersuchung des „idealen Schüttgutes" Glaskugeln zurückzuführen ist.

Braunkohleschüttungen

Bei der Berechnung der Aufheizung von Braunkohle müssen auch die temperatur- und druckabhängigen Eigenschaften des Haufwerkes berücksichtigt werden. Entsprechend Tabelle 5.2 werden somit im folgenden für Dampf-, Wasser- und Inertgasphase unterschiedliche Permeabilitäten verwendet. Dadurch wird vor allem der Erhöhung der Permeabilität in der Dampfströmung und Erniedrigung in der Kondensatströmung Rechnung getragen. Außerdem werden Hohlraumvolumen und Sättigung unter Berücksichtigung der effektiven Verdichtung durch den Maximaldruck sowie der thermischen Entwässerung berechnet, wodurch auch die Verbreiterung der Kondensationsfront berücksichtigt wird.

Die so berechneten Aufheizzeiten als Funktion des Dampfdruckes sind in Abbildung 5.28 dargestellt. Dabei ist unter Berücksichtigung der höheren Streuung der Meßwerte im Vergleich zu den Untersuchungen mit Glaskugeln eine gute Übereinstimmung zwischen den berechneten und experimentell bestimmten Verläufen zu verzeichnen.

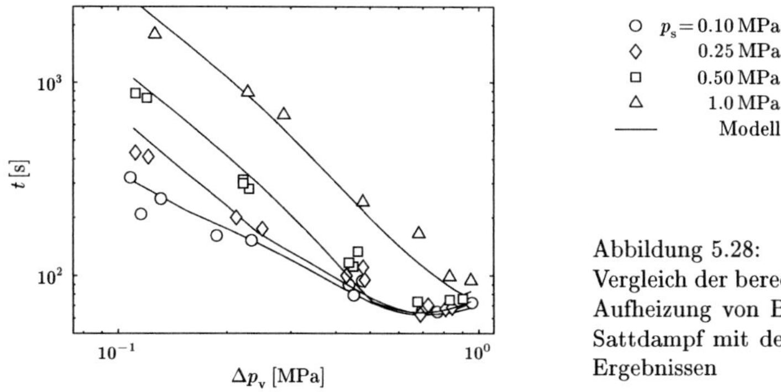

Abbildung 5.28:
Vergleich der berechneten Zeiten zur Aufheizung von Braunkohle mittels Sattdampf mit den experimentellen Ergebnissen

Aus dieser Darstellung wird auch deutlich, daß die Aufheizzeiten sich in der doppeltlogarithmischen Darstellung nur für solche Bereiche annähernd als Gerade darstellen lassen, in denen der aufgeprägte Dampfdruck geringer ist als der Vorverdichtungsdruck. Bei niedrigen Vorverdichtungen verlaufen die Kurven unterhalb des dem Vorverdichtungsdruck entsprechenden Dampfdruckes parallel, flachen dann weiter ab und zeigen für höhere Dampfdrücke einen gemeinsamen Verlauf. Da mit steigender Vorverdichtung geringfügig höhere Einwaagemassen zur Einstellung der gleichen Anfangsschichthöhe gewählt wurden, fallen die berechneten Kurven jedoch nicht ganz genau aufeinander. Für Drücke oberhalb von Δp_v=0.7 MPa zeigt die Rechnung in Übereinstimmung mit den Meßdaten, daß die Aufheizzeiten für die drei niedrigsten Vorverdichtungen nicht nur stagnieren, sondern trotz des höheren Dampfdruckes aufgrund der starken Verdichtung des Haufwerkes durch den Fluiddruck wieder leicht zunehmen. Dies bestätigt, daß aufgrund der hohen Kompressibilität des Haufwerkes nicht der Vorverdichtungsdruck, sondern vielmehr der der Schüttung vor oder zu Beginn der Aufheizung maximal aufgeprägte Druck entscheidend die Schüttungseigenschaften und damit die Kinetik der Aufheizung bestimmt.

Abbildung 5.29 (a) und (b) zeigt das Ergebnis der Berechnung des örtlichen Druckverlaufes des Fluids bei der Aufheizung einer Braunkohleschüttung bei zwei verschiedenen Dampfdrücken und Vorverdichtungen. Da die Druckmessungen innerhalb der Braunkohleschüttung aufgrund der Verstopfung der Druckmeßsonden durch den hohen Feinkornanteil stark verzögert wurden, wird hier auf den direkten Vergleich verzichtet. Anstelle dessen sind die aus dem gemessenen Temperaturverlauf am Ende der Aufheizung berechneten Werte (⋆) aufgetragen.

Die gute Übereinstimmung dieses Verlaufes mit dem nach den Berechnungen *maximal* auftretenden, örtlichen Kondensationsdruck (--) bestätigt die frühere Schlußfolgerung, daß bei hohen Dampftemperaturen (b) der Druckabfall der Wasserströmung für die hohen Kondensationsdrücke und -temperaturen an der Front verantwortlich ist. Deshalb treten irreversible Änderungen der Permeabilität und Porosität auf, welche auch nach dem Dampfdurchbruch verhindern, daß sich wieder das „normale" Druckprofil der Strömung eines kompressiblen Fluids einstellt, welches in einem Haufwerk mit örtlich konstanten Schüttungseigenschaften beobachtet werden kann (Kurve ▼, vgl. auch Kap. 5.1, Abb. 5.2). Nur bei niedrigem Dampfdruck und entsprechend geringen Temperaturen, wenn auch nach der Aufheizung die Schüttungseigenschaften noch örtlich konstant sind, wird dieses Profil gemessen (a). Die bei (b) erhöhte Kondensationstemperatur an der Front und die dadurch auch gegenüber Haufwerken mit konstanten Schüttungseigenschaften erhöhte mittlere Temperatur am Ende der Aufheizung ist für den MTE-Prozeß erwünscht, da so eine gleichmäßigere Entwässerung ermöglicht wird.

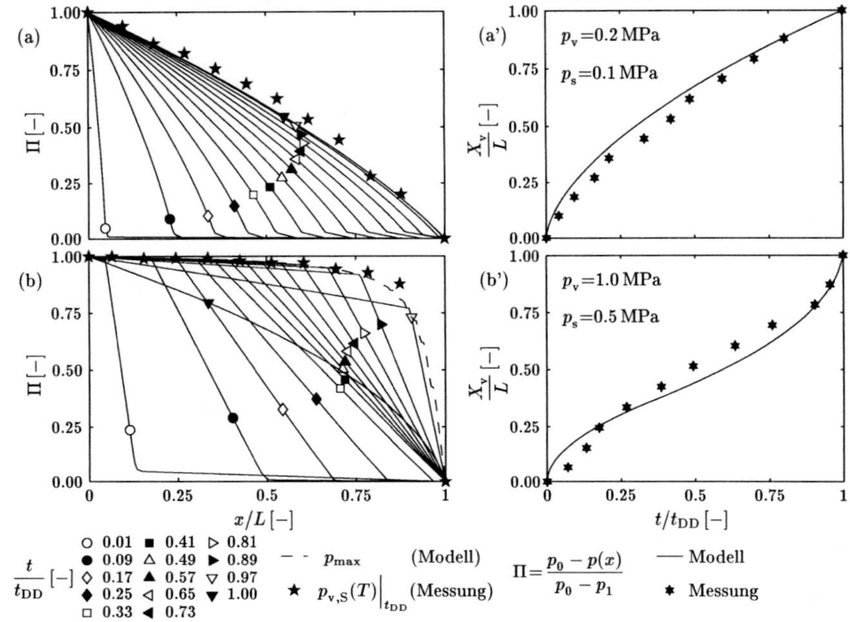

Abbildung 5.29:
Berechnete und gemessene Druckverläufe und Eindringtiefen der Kondensationsfront

Die in (a') und (b') dargestellten Verläufe der Eindringtiefe der Kondensationsfront mit der Zeit zeigen weiterhin, daß sich abhängig von den Bedingungen der Aufheizung ein zeitlicher Verlauf entsprechend Typ (1) bzw. Typ (4) aus Abbildung 5.24 (Seite 85) ergibt. Weitergehende Berechnungen ergaben, daß der in (b') dargestellte Verlaufstyp bei Braunkohle nur dann auch deutlich auftritt, wenn sowohl das Verhältnis von Dampf- zu Wasserpermeabilität eine bestimmte Höhe ($\gtrsim$ 100) überschreitet, als auch die Porosität so gering ($\lesssim$ 0.25) ist, daß sich eine genügend breite Kondensatzone ausbildet. Die Breite dieser Zone wird bei der Aufheizung auf hohe Temperaturen wesentlich durch die Thermische Entwässerung der Kohle entsprechend den Verläufen in Abbildung 5.13 (a) (Seite 70) mitbestimmt, da die freigesetzte Flüssigkeit sofort mit dem Kondensat ausgetragen wird. Da unter den beschriebenen Umständen die Kinetik der Aufheizung nicht mehr von der mit der Zeit zunehmenden Eindringtiefe der Dampffront bestimmt wird, ergibt sich bei Variation der Schichthöhe auch kein rein quadratischer, sondern ein eher linearer Zusammenhang zwischen Aufheizzeit und Schichthöhe (vgl. Abb. 5.16, Seite 72).

Nach der Verifizierung des Modells bei der Aufheizung von Glaskugelschüttungen zeigen auch die experimentellen Ergebnisse und Berechnungen für Braunkohle eine gute Übereinstimmung. Anhand der berechneten Aufheizzeiten bei Variation von Dampf- und Vorverdichtungsdruck unter Berücksichtigung der temperatur- und druckabhängigen Haufwerkseigenschaften wurde in Abbildung 5.28 beispielhaft die Anwendbarkeit des hier entwickelten Modells auf die Aufheizung von Braunkohle gezeigt. Eine weitergehende Analyse der Kinetik der Aufheizung auch anderer poröser Medien mit veränderlicher Schüttungsstruktur ist somit anhand von Gleichung 5.38 möglich, würde jedoch über die Zielsetzung dieser Arbeit hinausgehen.

6 Zusammenfassung

In der vorliegenden Arbeit wurde die Kinetik der Mechanisch/Thermischen Entwässerung von Braunkohle untersucht. Da sowohl die Aufheizung mittels Dampf als auch die Konsolidierung des Materials bei hohen Temperaturen wesentlich durch die physikalischen Änderungen der Haufwerksstruktur und des kolloidalen Feststoffgerüstes beeinflußt werden, waren neben Aufheizungs- und Durchströmungsversuchen die durch thermische Behandlung veränderbaren mechanischen Eigenschaften von Braunkohle Gegenstand der experimentellen Untersuchungen.

Durch einaxiale Druckversuche im Rahmen bodenmechanischer Analysen konnte gezeigt werden, daß die Kinetik der Entwässerung maßgeblich durch das Feststoffkriechen in der zweiten Konsolidierungsphase beeinflußt wird. Während dieser Verdichtungsphase wurde für die Auftragung der Porenzahl oder Beladung über dem Logarithmus der Zeit ein linearer Verlauf gefunden, der sich nicht durch einfache rheologische Modelle beschreiben läßt. Aus diesem Grunde wurden quantitative Untersuchungen des zweiten Konsolidierungsindex C_α und der Porenzahl e sowie die Bestimmung von Aktivierungsenergien aus den kinetischen Daten durchgeführt, welche zu folgenden Erkenntnissen führten:

- Der Konsolidierungsvorgang wird im niedrigen Temperaturbereich ($< 120°C$) durch Temperaturerhöhung entsprechend der Reduzierung der Wasserviskosität beschleunigt. Deshalb kommt als die Kinetik des Kriechens dominierender Mechanismus nur der Druckabfall beim Abfließen des Wassers während des Transfers vom mikroporösen Feststoff in die makroporöse Schüttungsstruktur in Frage. Gleichzeitig bewirken Temperatur- und Verdichtungsdrucksteigerungen eine zusätzliche Mobilisierung von Teilen des in der Braunkohlestruktur gebundenen Wassers. So ist mit steigender Temperatur auch vor dem Eintreten chemischer Änderung des Feststoffes ($> 140°C$) bereits eine deutlich höhere Konsolidierung möglich.

- Bei darüber hinausgehenden Temperaturen verringert sich der Wassergehalt der Braunkohle bereits vor der mechanischen Verdichtung durch die teilweise Zerstörung der Kolloidstruktur. Die in den Experimenten beobachtete Verlangsamung der Konsolidierung läßt sich so durch die Reduktion der freien Strömungsquerschnitte bei niedrigeren Porenzahlen sowie die Ausbildung stabilerer Verknüpfungen zwischen Feststoffbestandteilen nach der Zerstörung von Wasserstoffbrückenbindungen durch den thermischen Abbau funktioneller Gruppen erklären.

- Bei der Untersuchung der Schrumpfung der mechanisch verdichteten Kohle durch anschließende Trocknung konnte nur oberhalb eines Wassergehaltes von etwa 18 Gew.-% eine weitere Volumenreduzierung gemessen werden. Dieser Wert entspricht in etwa dem Anteil des als in Mono- oder Multilayern gebunden angesehenen Wassers und stellt die physikalische Grenze für die Mechanisch/Thermische Entwässerung dar. Eine weitere Verdichtung ist nur durch die Zerstörung der Feststoffstruktur bei erheblich höheren Drücken möglich.

- Anhand von Versuchen zur Thermischen Entwässerung konnte weiterhin gezeigt werden, daß mit der mechanischen Verdichtung bei gleichen Temperaturen bereits in der ersten Konsolidierungsphase gleichgroße Wasseranteile ohne längere thermische Behandlung entfernt werden können. Dies bestätigt, daß das Wasser bei hohen Temperaturen auch ohne den Abbau funktioneller Sauerstoffgruppen, welche allgemein als Ursache der starken Wasserbindung angenommen werden, mobilisiert vorliegt. Die naheliegende Schlußfolgerung, daß auch andere Bindungskräfte mit zu berücksichtigen sind, wird durch die Größe der in den Versuchen gefundenen reversiblen Änderungen des Wassergehaltes bestätigt.

Zur Beschreibung des druck-, temperatur- und zeitabhängigen Konsolidierungsvorganges konnte anhand der experimentell gefundenen Zusammenhänge ein mathematisch/physikalisches Modell aufgestellt werden. Darüber hinaus wurden die Ergebnisse anhand von Technikumsversuchen verifiziert. Hierbei wurde gezeigt, daß auch in größerem Maßstab als Folge der hohen Haufwerkspermeabilität beim Einsatz gemahlener Kohle nur die zweite Konsolidierungsphase die Kinetik der Entwässerung dominiert, so daß die Geschwindigkeit des Vorganges im untersuchten Bereich als schichthöhenunabhängig betrachtet werden kann.

Unter Berücksichtigung des komplexen stofflichen Verhaltens der Braunkohle wurden im Rahmen der Untersuchungen der Aufheizung mittels kondensierenden Sattdampfes zunächst auch verschiedene Glaskugelhaufwerke untersucht. Aufbauend auf diesen experimentellen Ergebnissen wurde ein analytisches Modell zur Beschreibung der Aufheizung entwickelt, welches neben dem einströmenden Dampf auch die abfließende Kondensatphase sowie die Verdrängung der in der Schüttung enthaltenen Luft berücksichtigt. Im Gegensatz zu bekannten analytischen Modellen wurde hierbei durch die Verwendung der modifizierten ERGUN-FORCHHEIMER-Gleichung neben der Kompressibilität der Dampfphase auch den bei hohen Geschwindigkeiten dominierenden Trägheitseffekten sowie der Querschnittsversperrung durch immobiles Kondensat Rechnung getragen.

Die Untersuchungen der Aufheizung von Glaskugelschüttungen ergaben, daß zur genauen Beschreibung der Dampfströmung die Verwendung von in stationären Durchströmungen gemessenen relativen Permeabilitäten $K_{v,r}$ und Passabilitäten $\eta_{v,r}$ ausreichend ist. Die diesbezüglichen Messungen zeigten außerdem, daß entgegen üblichen Vereinfachungen $K_{v,r}$ und $\eta_{v,r}$ nicht gleichgesetzt werden dürfen.

Nach der Implementierung der aus unabhängigen Messungen bestimmten Konstanten konnte bei Modellrechnungen eine sehr gute Übereinstimmung mit den experimentellen Ergebnissen erzielt werden. Dabei wurde gezeigt, daß neben der Berechnung der Aufheizzeit und der Geschwindigkeit der Kondensationsfront auch die Temperatur- und Druckverläufe während der Aufheizung zutreffend beschrieben sind. Neben der Bestätigung, daß die Strömung bezüglich der Erhaltungsgleichungen als quasistationär betrachtet werden kann, ergab sich, daß auch die Unterteilung der Strömung in Zonen gerechtfertigt ist, da die Kondensation nur an einer scharf abgegrenzten Front stattfindet. Stromauf liegt die Flüssigkeit immobil vor, während nur der Dampf strömt.

Für Braunkohle wurden aufgrund der bei den Konsolidierungsversuchen erzielten Ergebnisse Aufheizungs- und Durchströmungsversuche unter variablen Vorverdichtungen und Dampfeintrittstemperaturen durchgeführt. Aus den Ergebnissen können die folgenden Schlußfolgerungen gezogen werden:

- Die Erhöhung des Eintrittsdampfdruckes führt aufgrund der leichten Verdichtbarkeit der Braunkohleschüttung zu einer zusätzlichen Konsolidierung sowie zur Erniedrigung der Schüttungspermeabilität.

- Die Schrumpfung der Kohle durch thermische Entwässerung bei hohen Temperaturen hat dagegen eine wesentliche Erhöhung der Schüttungspermeabilität bei der Durchströmung mit Dampf zur Folge. Außerdem bewirkt das Abfließen des dabei freigesetzten Wassers eine Verbreiterung der die Schüttung durchströmenden Kondensatzone.

- Bei der Durchströmung mit Wasser werden durch das Aufquellen der Kohle und die Verstopfung von Poren Permeabilitäten gemessen, welche um mehr als zwei Größenordnungen niedriger liegen als die bei der Durchströmung mit Dampf bestimmten.

Infolge der komplizierten, insbesondere dampfdruck- und temperaturabhängigen Änderungen der Schüttungsstruktur bei Braunkohle und der dadurch hervorgerufenen, teilweise gegensätzlichen Einflüsse auf die Kinetik wurden für die Modellrechnungen Porositäten, Wassergehalte sowie Permeabilitäten und Passabilitäten als Funktion des Strömungsmediums, der Temperatur, des Dampfdruckes und der Vorverdichtung auf Grundlage der Meßergebnisse verwendet.

Dabei führte der Vergleich der berechneten und der experimentellen Ergebnisse auch für die Aufheizung von Braunkohle zu guten Übereinstimmungen. Letztlich konnte durch die Rechnungen gezeigt werden, daß bei hohen Temperaturen die Schüttungspermeabilität für die Durchströmung mit Dampf durch die Kohleschrumpfung soweit erhöht wird, daß der Druckabfall der Kondensatströmung die Kinetik sowie die Temperatur- und Druckverläufe dominiert. Die Erniedrigung des Druckabfalls der Dampfströmung in den bereits aufgeheizten Regionen führt so zu erhöhten Kondensationstemperaturen an der Front und damit zu einer für den Prozeß erwünschten Erhöhung der mittleren Temperatur im Gegensatz zu Haufwerken mit konstanten Schüttungseigenschaften.

Nachdem für die Entwässerung von Braunkohlen anderer Provenienz hier bereits vergleichbare Resultate erhalten wurden, ermöglichen die beschriebenen Ergebnisse und Methoden außerdem die erfolgreiche Übertragung der Verfahrenstechnik der Mechanisch/Thermischen Entwässerung auf weitere feuchte Brennstoffe.

Das für die Aufheizung der Schüttung entwickelte Modell kann darüber hinaus auch bei anderen verfahrenstechnischen Prozessen wie der Dampf- und Luftdruckentwässerung sowie der Bodenreinigung durch Soil-Vapour-Extraction (SVE) effektiv zur Beschreibung der Kinetik eingesetzt werden.

A Symbolverzeichnis

Lateinische Buchstaben

Symbol	Bedeutung	Definition	Einheit
a	Kompressibilitätskoeffizient	$a = -\partial e / \partial p_s$	Pa^{-1}
b	Konstante		–
A	Fläche		m^2
B	Verhältnis von 1. zu 2. Konsolidierung	$B = E_1/(E_1 + E_2)$	–
c_p	spezifische Wärmekapazität		$J\,kg^{-1}\,K^{-1}$
C	Konstante		–
C_α	erster Konsolidierungsindex	$C_\alpha = -\partial e / \partial \log(t)$	–
C_C	zweiter Konsolidierungsindex	$C_C = -\partial e / \partial \log(p_s)$	–
C_e	modifizierter Konsolidierungsindex	$C_e = (\mu\, \varrho_s\, \overline{\alpha}\, a_E)^{-1}$	$m^2 s^{-1}$
CSB	Chemischer Sauerstoffbedarf		$mg\,\ell^{-1}$
D	Durchmesser		m
d_h	hydraulischer Durchmesser	$d_h = (2\,\varepsilon\, d_p)/(3(1-\varepsilon))$	m
d_p	Partikel Durchmesser		m
d_{32}	Sauterdurchmesser		m
e	Porenzahl	$e = (V_\ell + V_i)/V_s$	–
E	Elastizitätskonstante	$E = (1+e)/a$	Pa
f_{st}	Modellfaktor (Aufheizung von Anlagenteilen)		–
f_V	Modellfaktor (Wärmeverluste)		–
f	funktioneller Zusammenhang		–
FB	Flächenbeladung	$FB = m/A$	$kg\,m^{-2}$
G	freie Enthalpie		$J\,mol^{-1}$
h	PLANCK-Konstante		J s
	spezifische Enthalpie		$J\,kg^{-1}$
i	Anzahl von Entwässerungsflächen (1,2)		–
J	LEVERETT-Funktion		–
k	BOLTZMANN-Konstante		$J\,K^{-1}$
k'	Frequenz		s^{-1}
K, K_k	Permeabilität, Permeabilität der Komponente k		m^2
$K_{k,r}$	relative Permeabilität der Komponente k	$K_{k,r} = K_k/K$	–
L	Länge, Schichthöhe		m
LF	spezifische Leitfähigkeit		$S\,cm^{-2}$
m	Masse		kg
	Konstante		–
N	AVOGADRO-Konstante		mol^{-1}
p	Druck		Pa
p_{KE}	kapillarer Eintrittsdruck		Pa
Q_3	Verteilungsparameter		–
Re	Reynoldszahl	$\mathrm{Re} = u\, d_h/\nu$	–
R	allgemeine Gaskonstante		$J\,mol^{-1}\,K^{-1}$
s	Sättigung	$s = V_\ell/(V_\ell + V_i)$	–
t	Zeit		s
T	Temperatur		K
u	Geschwindigkeit (Porengeschwindigkeit)		$m\,s^{-1}$
$u_{k,D}$	Anströmgeschwindigkeit der Komponente k	$u_{k,D} = u_k\, \varepsilon_k$	$m\,s^{-1}$
U_C	Konsolidierungsverhältnis	$U_C = (e_0 - e)/(e_0 - e_\infty)$	–
V_M	molares Volumen		$m^3\ mol^{-1}$
V	Volumen		m^3

Symbol	Bedeutung	Definition	Einheit
w	Wassergehalt	$w = m_\ell/(m_\ell + m_s)$	–
W	Beladung	$W = m_\ell/m_s$	–
x	Ortskoordinate		m
X	Länge		m
z	Substitutionsvariable		
$\langle x\rangle$	Mittelwert über verschiedene Phasen		$[x]$
$\bar{x}$	räumlicher Mittelwert der Größe x		$[x]$
$\dot{x}$	zeitliche Ableitung		$[x]\,\mathrm{s}^{-1}$

Griechische Buchstaben

Symbol	Bedeutung	Definition	Einheit
α	spezifischer Filterkuchenwiderstand	$\alpha = (1+e)/(K\,\varrho_s)$	$\mathrm{m\,kg^{-1}}$
	linearer Wärmeausdehnungskoeffizient	$L(T) = L_{0^\circ\mathrm{C}}(1+\alpha T)$	$\mathrm{K^{-1}}$
Δ	Differenz		
ε	spezifisches Hohlraumvolumen, Porosität	$\varepsilon = (V_\ell + V_i)/(V_\ell + V_i + V_s)$	–
η, η_k	Passabilität, Passabilität der Komponente k		m
$\eta_{k,r}$	relative Passabilität der Komponente k	$\eta_{k,r} = \eta_k/\eta$	–
λ	Verschiebungslänge		m
μ	dynamische Viskosität		Pa s
ν	kinematische Viskosität		$\mathrm{m^2\,s^{-1}}$
ϱ	Dichte		$\mathrm{kg\,m^{-3}}$
σ	Oberflächenspannung		$\mathrm{N\,m^{-1}}$
Π	normierter Druck	$\Pi = (p_0 - p)/(p_0 - p_1)$	–
τ	Schubspannung		Pa
Θ	normierte Temperatur	$\Theta = (T_0 - T)/(T_0 - T_1)$	–
	Randwinkel		rad
ω_0	Feststoffvolumenflächenbeladung	$\omega_0 = V_s/A$	m
$\beta, \gamma, \delta, \vartheta, \zeta$	Konstanten		–

Indizierungen und Abkürzungen

Symbol	Bedeutung	Symbol	Bedeutung
BK	Braunkohle	MTE	Mechanisch/Thermische Entwässerung
C	Konsolidierung (*consolidation*)	MV	mechanische Verdichtung
D	Darcy	r	relativ
DD	Dampfdurchbruch	rem	remanent
DE	Dampfeintritt	RPT	*Rate Process Theory*
E	Preßfiltration (*expression*)	s	Feststoff
Eb	Energiebilanz	S	Sättigungszustand
eff	effektiv	st	Stahl
eop	Ende der ersten Konsolidierung	TE	Thermische Entwässerung
	(*end of primary*)	th	theoretisch
exp	experimentell	tr	trocken
GK	Glaskugeln	TVB	thermische Vorbehandlung
i	Inertgas / Luft	U	Umgebung
irr	irreversibel	v	Dampf
K	kapillar	VB	Versuchsbehälter
ℓ	Flüssigkeit	WA	Wasseraustritt
max	Maximalwert	0	Eintritt, Anfangszustand
Mb	Massenbilanz	1	Austritt
ME	mechanische Entwässerung	∞	Endwert

B Literaturverzeichnis

[AE71a] D. J. Allardice und D. G. Evans, *The brown-coal/water system: Part 1. The effect of temperature on the evolution of water from brown coal*, Fuel **50** (1971) 201–210.

[AE71b] D. J. Allardice und D. G. Evans, *The brown-coal/water system: Part 2. Water sorption isotherms on bed moist Yallorn brown coal*, Fuel **50** (1971) 236–253.

[All91] D. J. Allardice, *The water in brown coal*, Kap. 3, 103–150, In R. A. Durie [Dur91], 1991.

[AM73] O. B. Andersland und J. P. Mathew, *Consolidation of high ash papermill sludges*, Journal of the Soil Mechanics and Foundations Division, ASCE **99** (1973) SM5, 365–374.

[Ana82] A. G. Anagnostopoulos, *Compressibility behaviour of soft lignite*, Journal of the Geotechnical Engineering Division, ASCE **108** (1982) GT12, 1549–1566.

[ASJ42a] G. Agde, H. Schürenberg und R. Jodl, *Untersuchung über die Wasserbindungsverhältnisse, Bauform und Größe von Huminsäure-Kolloidteilchen*, Braunkohle **41** (1942) 545–547.

[ASJ42b] G. Agde, H. Schürenberg und R. Jodl, *Untersuchungen über die Kolloidstruktur der erdigen Braunkohlen*, Braunkohle **41** (1942) 5/6, 5–48, 65–69.

[ASM95] G. Amarasekera, M. J. Scarlett und D. E. Mainwaring, *Micropore size distributions and specific interactions in coals*, Fuel **74** (1995) 1, 115–118.

[AV37] G. Agde und K. E. Vetter, *Über die Bildsamkeitserscheinungen beim Pressen erdiger Braunkohlen*, Braunkohle **36** (1937) 47, 845–848.

[Bar68] L. Barden, *Primary and secondary consolidation of clay and peat*, Géotechnique **18** (1968) 1, 1–24.

[Bat54] W. Batel, *Vorgänge bei der mechanischen Entwässerung*, Chemie Ingenieur Technik **26** (1954) 8/9, 497–502.

[BB89] P. J. Banks und D. R. Burton, *Press dewatering of brown coal: Part 1: Exploratory studies*, Drying Technology **7** (1989) 3, 443–475.

[BB91] J. Bear und J. M. Buchlin (Hrsg.), *Modelling and applications of transport phenomena in porous media*, Kluwer Academic Publishers, Dordrecht, 1991.

[BBS98a] C. Bergins, S. Berger und K. Strauß, *Verfahrenstechnik der Mechanisch/Thermischen Entwässerung*, Aufbereitungs-Technik **39** (1998) 2, 58–70.

[BBS+98b] C. Bergins, S. Berger, K. Strauß, R. O. Elsen, M. Erken und F. B. Bielfeldt, *Mechanisch/Thermische Entwässerung - Ein neues Verfahren zur Veredelung von Torf und Kohlen*, DGMK-Tagungsbericht 9802, 1998, 37–44.

[BBS+99a] S. Berger, C. Bergins, K. Strauß, F. B. Bielfeldt, R. O. Elsen und M. Erken, *Mechanical/Thermal Dewatering of brown coal*, VGB PowerTech **79** (1999) 2, 44–49.

[BBS99b] C. Bergins, S. Berger und K. Strauß, *Dewatering of fossil fuels and suspensions of ultrafine particles by Mechanical/Thermal Dewatering*, Chemical Engineering and Technology **22** (1999) 11, 923–927.

[BBS99c] C. Bergins, S. Berger und K. Strauß, *Mechanical/Thermal Dewatering - A perspective for an efficient solid/liquid separation*, Ceramic Forum International cfi / Berichte der Deutschen Keramischen Gesellschaft **76** (1999) 3, 8–12.

[BC00] C. Bergins und S. Crone, *Transient multiphase flow in a multicomponent system with phase change in porous media*, 497–502, Band 1 aus E. W. P. Hahne *et al.* [HHS00], 2000.

[Ber13] F. Bergius, *Die Anwendung hoher Drucke bei chemischen Vorgängen und eine Nachbildung des Entstehungsprozesses der Steinkohle*, Wilhelm Knapp, Halle a. S., 1913.

[BF46] D. H. Bangham und R. E. Franklin, *Thermal expansion of coals and carbonised coals*, Transactions of the Faraday Society **42B** (1946) 289–295.

[BH55] J. K. Brown und P. B. Hirsch, *Recent infra-red and x-ray studies of coal*, Nature **175** (1955) 229–233.

[Bje67] L. Bjerrum, *Seventh rankine lecture. Engineering geology of norwegian normally-consolidated marine clays as related to settlements of buildings*, Géotechnique **17** (1967) 2, 83–118.

[BLSM94] M. Boudali, S. Leroueil und B. R. Srinivasa Murthy, *Viscous behaviour of natural clays*, 13. International Conference on Soil Mechanics and Foundation Engineering, New Delhi, January 1994, 411–416.

[Boer98] R. de Boer, *Theory of porous media - past and present*, Zeitschrift für angewandte Mathematik und Mechanik **78** (1998) 7, 441–466.

[BP72] P. L. Berry und T. J. Poskitt, *The consolidation of peat*, Géotechnique **22** (1972) 1, 27–52.

[Bra71] H. Brauer, *Grundlagen der Einphasen- und Mehrphasenströmungen*, Verlag Sauerländer, Aarau, 1971.

[Bro96] H. J. H. Brouwers, *An experimental study of constant-pressure steam injection and transient condensing flow in an air-saturated porous medium*, Journal of Heat Transfer **118** (1996) 5, 449–454.

[BS52] N. Berkowitz und H. G. Schein, *Some aspects of the ultrafine structure of lignite*, Fuel **31** (1952) 19–32.

[BS91] J. M. Buchlin und A. Stubos, *Phase change phenomena at liquid saturated self heated particulate beds*, Kap. 3, 221–276, In J. Bear und J. M. Buchlin [BB91], 1991.

[BSG96] R. de Boer, R. L. Schiffman und R. E. Gibson, *The origins of the theory of consolidation: the Terzaghi-Fillunger dispute*, Géotechnique **46** (1996) 2, 175–186.

[Bui36] A. S. K. Buisman, *Results of long duration settlement tests*, Proceedings of the first International Conference on Soil Mechanics and Foundation Engineering, 1, 1936, 103–106.

[Bur62] G. Burton, *A new process for reducing the moisture content of filter cake*, Fourth International Coal Preparation Congress, Harrogate, 1962, 363–369.

[But91] R. M. Butler, *Thermal recovery of oil and bitumen*, Prentice-Hall, Engelwood Cliffs, New-Jersey, 1991.

[Car38] P. C. Carman, *The determination of the specific surface area of powder I*, Journal of the Society of Chemical Industry **57** (1938) 225–234.

[Cas36] A. Casagrande, *The determination of the pre-consolidation load and its practical significance*, Proceedings of the first International Conference on Soil Mechanics and Foundation Engineering, 3, 1936, 60–64.

[CB97] A. D. Cohen und A. M. Baily, *Petrographic changes induced by artificial coalification of peat: comparison of two planar facies (Rhizophora and Cladium) from the Everglades-mangrove complex of Florida and a domed facies (Cyrilla) from the Okefenokee Swamp of Georgia*, International Journal of Coal Geology **34** (1997) 163–194.

[CD81] D. A. Cadenhead und J. F. Danielli (Hrsg.), *Progress in surface and membrane science*, 14, Academic Press, New York, 1981.

[CH60] L. Cartz und P. B. Hirsch, *A contribution to the structure of coals from x-ray diffraction studies*, Philosophical Transactions of the Royal Society of London **A252** (1960) 557–602.

[CH85] D. Y. C. Chan und R. G. Horn, *The drainage of thin liquid films between solid surfaces*, Journal of Chemical Physics **83** (1985) 10, 5311–5324.

[CM68] R. G. Campanella und J. K. Mitchell, *Influence of temperature variations on soil behavior*, Journal of the Soil Mechanics and Foundations Division, ASCE **94** (1968) SM3, 709–734.

[CS78a] R. J. Carmier und S. R. Siemon, *Colloïdal structure of Victorian brown coals. 1. Alkaline digestion of brown coals*, Fuel **57** (1978) 85–88.

[CS78b] R. J. Carmier und S. R. Siemon, *Colloidal structure of Victorian brown coals. 2. Rod-shaped particles in brown coals*, Fuel **57** (1978) 693–696.

[CW64] W. Christensen und T. H. Wu, *Analysis of clay deformation as a rate process*, Journal of the Soil Mechanics and Foundations Division, ASCE **90** (1964) SM6, 125–157.

[DA92] D. J. Dunne und J. B. Agnew, *Thermal upgrading of low-grade, low-rank South Australia coal*, Energy Sources **14** (1992) 169–181.

[Dar56] H. P. G. Darcy, *Les fontaines publiques de la ville Dijon: exposition et application des principes a suivre et des formules a employer dans les questions de distribution d'eau; ouvrage terminé par un appendice relatif aux fournitures d'eau de plusieurs villes au filtrage des eaux et a la fabrication des tuyaux de fonte, de plomb, de tôle et de bitume*, Victor Dalmont, Paris, 1856.

[DC81] B. V. Derjaguin und N. V. Churaev, *Structure of the boundary layers of liquids and its influence on the mass transfer in fine pores*, 69–130, In D. A. Cadenhead und J. F. Danielli [CD81], 1981.

[DIN98] *Bestimmung des Wasserdurchlässigkeitsbeiwertes, Teil 1: Laborversuche*, DIN 18130-1, Normenausschuß Bauwesen, Deutsches Institut für Normung, Mai 1998.

[Dro81] W. Drost-Hansen, *The occurrence and extent of vicinal water*, 163–169, In F. Franks [Fra81], 1981.

[Dul54] J. A. Dulhunty, *Geological factors in the metamorphic development of coal*, Fuel **33** (1954) 145–152.

[Dul60] J. A. Dulhunty, *Experiments in physical metamorphism of brown coals*, Fuel **39** (1960) 115–162.

[Dul88] F. A. L. Dullien, *Two-phase flow in porous media*, Chemical Engineering and Technology **11** (1988) 407–424.

[Dur91] R. A. Durie (Hrsg.), *The science of Victorian brown coal: Structure, properties and consequences for utilization*, Butterworth-Heinemann Ltd, Oxford, 1991.

[EF87] F.M. Etzler und D.M. Fagundus, *The extent of vicinal water*, Journal of Colloid and Interface Science **115** (1987) 2, 514–519.

[EO49] S. Ergun und A. A. Orning, *Fluid flow through randomly packed columns and fluidized beds*, Industrial and Engineering Chemistry **41** (1949) 6, 1179–1184.

[Erg52] S. Ergun, *Fluid flow through packed columns*, Chemical Engineering Progress **48** (1952) 2, 89–94.

[Eri89] L. G. Eriksson, *Temperature effects on consolidation properties of sulphide clays*, 12. International Conference on Soil Mechanics and Foundation Engineering, Rio de Janeiro, 3, August 1989, 2087–2090.

[ES70] D. G. Evans und S. R. Siemon, *Dewatering of brown coal before combustion*, Journal of the Institute of Fuel **43** (1970) 413–419.

[Eur58] F. R. Eurich (Hrsg.), *Rheology*, 2, Academic Press, New York, 1958.

[Eva73a] D. G. Evans, *The brown coal/water system: 4. Shrinkage on drying*, Fuel **52** (1973) 186–190.

[Eva73b] D. G. Evans, *Effects of colloidal structure on physical measurements on coals*, Fuel **52** (1973) 155–156.

[Eyr36] H. Eyring, *Viscosity, plasticity and diffusion as examples of absolute reaction rates*, Journal of Chemical Physics **4** (1936) 283–291.

[FH59] I. Finnie und W. R. Heller, *Creep of engineering materials*, McGraw-Hill Book Company Inc., 1959.

[Fle29] H. Fleissner, *Die Trocknung stückiger Braunkohle*, Berg– und Hüttenmännisches Jahrbuch **74** (1929) 3, 104–109.

[FLW87] J. Fohl, W. Lugscheider und F. Wallner, *Entfernung von Wasser aus der Braunkohle: Teil 1: Grundlagen der Trocknungsverfahren*, Braunkohle **39** (1987) 3, 45–57.

[For01] P. Forchheimer, *Wasserbewegung durch Boden*, Zeitschrift des Vereins Deutscher Ingenieure **45** (1901) 1781–1788.

[Fra81] F. Franks (Hrsg.), *Biophysics of water*, John Wiley & Sons, New-York, 1981.

[GA71] D. C. Green und M. I. E. Aust, *Aspects of consolidation of Morwell brown coal*, Proceedings of the 1st ANZ Conference on Geomechanics, Melbourne, August 1971, 119–126.

[Gar72] J. E. Garlanger, *The consolidation of soils exhibiting creep under constant effective stress*, Géotechnique **22** (1972) 71–78.

[Gerl99] S. Gerl, *Dampf-Druckfiltration - eine kombinierte mechanisch/thermische Differenzdruckentfeuchtung von Filterkuchen*, VDI-Fortschritt-Berichte/3, VDI-Verlag, Düsseldorf, 1999.

[GHU97] J. Guo, S. Hodges und P. H. T. Uhlherr, *Dewatering of HTD coal slurry by mechanical expression*, Coal Preparation **18** (1997) 227–239.

[GLE41] S. Glasstone, K. J. Laidler und H. Eyring, *The theory of rate processes*, McGraw-Hill, New York, 1941.

[Gloe79] C. S. Gloe, *Bodensetzung infolge Grundwasserentzugs, erläutert am Beispiel des Latrobe-Tals, Viktoria, Australien*, Braunkohle (1979) 8, 261–267.

[Gra91] S. Granick, *Motions and relaxations of confined liquids*, Science **253** (1991) 9, 1374–1379.

[GTU99] J. Guo, C. Tiu und P. H. T. Uhlherr, *Modelling of mechanical-thermal expression of brown coal*, 9th Japan/Australia Joint Technical Meeting on Coal, Melbourne, June 1999.

[HHS00] E. W. P. Hahne, W. Heidemann und K. Spindler (Hrsg.), *Proceedings of the 3rd European Thermal Sciences Conference*, Edizioni ETS, Pisa, 2000.

[HHW85] S. L. Houston, W. N. Houston und N. D. Williams, *Thermo-mechanical behavior of seafloor sediments*, Journal of Geotechnical Engineering, ASCE **111** (1985) 11, 1249–1263.

[Hir54] P. B. Hirsch, *X-ray scattering from coals*, Proceedings of the Royal Society of London / A, A226, 1954, 143–196.

[HJ63] M. Herrin und G. Jones, *The behavior of bituminous materials from the viewpoint of the absolute rate theory*, Proceedings, Ann Arbor, Michigan, 32, Association of Asphalt Paving Technologists, 1963.

[HK95] K. Hanamura und M. Kaviany, *Propagation of condensation front in steam injection into dry porous media*, International Journal of Heat and Mass Transfer **38** (1995) 8, 1377–1386.

[HM87] K. J. Hüttinger und A. W. Michenfelder, *Ein Molekülmodell rheinischer Braunkohle*, Erdöl und Kohle, Erdgas, Petrochemie, Brennstoff–Chemie **40** (1987) 4, 166–171.

[Hua96] W. L. Huang, *Experimental study of vitrinte maturation: effect of temperature, time, pressure, water, and hydrogen index*, Organic Geochemistry **24** (1996) 2, 233–241.

[Iino00] M. Iino, *Network structure of coals and association behavior of coal derived materials*, Fuel Processing Technology **62** (2000) 89–101.

[IK89] J. N. Israelachvili und S. J. Kott, *Shear properties and structure of simple liquids in moleculary thin films: The transition from bulk (continuum) to molecular behavior with decreasing film thickness*, Journal of Colloid and Interface Science **129** (1989) 2, 461–467.

[Isr91] J. N. Israelachvili, *Intermolecular and surface forces*, Academic Press, London, 1991.

[Kav95] M. Kaviany, *Principles of heat transfer in porous media*, 2. Aufl., Springer, New York, 1995.

[KKK87] N. Katsiris und A. Kouzeli-Katsiri, *Bound water content of biological sludges in relation to filtration and dewatering*, Water Research **21** (1987) 11, 1319–1327.

[KN78] H. Krug und W. Naundorf, *Zum Phänomen der Entstehung fester Braunkohlenbriketts, Teil 1: Theoretische Betrachtungen*, Neue Bergbautechnik **8** (1978) 11, 647–653.

[KR74] H. Kothen und K. Reichenbach, *Qualitätsbeschreibung von Braunkohle der Niederrheinischen Bucht durch teufenabhängige Größen*, Braunkohle **26** (1974) 9, 263–275.

[KS66] J. Kravtchenko und P. M. Sirieys (Hrsg.), *Rheology and soil mechanics: international union of theoretical and applied mechanics: Symposium Grenoble 1964*, Springer Verlag, 1966.

[Ler96] S. Leroueil, *Compressibility of clays: Fundamental and practical aspects*, Journal of Geotechnical Engineering, ASCE **122** (1996) 7, 534–543.

[Lev41] M. C. Leverett, *Capillary behavior in porous solids*, Transactions of the American Society of Mining Engineers **142** (1941) 152–169.

[LH90] H. J. Lang und J. Huder, *Bodenmechanik und Grundbau*, Springer Verlag, 1990.

[LL95] C. V. Le und N. G. Ly, *Heat and mass transfer in the condensing flow of steam through an absorbing fibrous medium*, International Journal of Heat and Mass Transfer **38** (1995) 1, 81–89.

[LSC86] J. Levec, A. E. Sáez und R. G. Carbonell, *The hydrodynamics of trickling flow in packed beds, Part 2: Experimental observations*, AIChE Journal **32** (1986) 3, 369–380.

[LW79a] T. W. Lambe und R. V. Whitman, *Soil mechanics, SI version*, John Wiley & Sons Inc., New York, 1979.

[LW79b] L. J. Lynch und D. S. Webster, *An n.m.r. study of the water associated with brown coal*, Fuel **58** (1979) 429–432.

[LW82] L. J. Lynch und D. S. Webster, *Effect of thermal treatment on the interaction of brown coal and water: a nuclear magnetic resonance study*, Fuel **61** (1982) 271–275.

[MC87] G. Mesri und A. Castr, *C_α/C_C concept and K_0 during secondary compression*, Journal of Geotechnical Engineering **113** (1987) 3, 230–247.

[MCS68] J. K. Mitchell, R. G. Campanella und A. Singh, *Soil creep as a rate process*, Journal of the Soil Mechanics and Foundations Division, ASCE **94** (1968) SM1, 231–253.

[ME72] J. B. Murray und D. G. Evans, *The brown-coal/water system: Part 3. Thermal dewatering of brown coal*, Fuel **51** (1972) 290–296.

[Mes73] G. Mesri, *Coefficient of secondary compression*, Journal of the Soil Mechanics and Foundations Division, ASCE **99** (1973) SM1, 123–137.

[MESD79] I. F. Macdonald, M. S. El-Sayed und F. A. L. Dullien, *Flow through porous media - the Ergun equation revisited*, Industrial and Engineering Chemistry / Fundamentals **18** (1979) 3, 199–208.

[MIB+89] T. Murase, M. Iwata, P. J. Banks, N. Hayashi und M. Shirato, *Press dewatering of brown coal: Part 2: Batch and continuous-screw operations*, Drying Technology **7** (1989) 4, 697–721.

[ML59] J. W. Marx und R. H. Langenheim, *Reservoir heating by hot fluid injection*, Transactions of the Society of Petroleum Engineers of the American Institute of Mining **216** (1959) 312–315.

[Möl98] G. Möller, *Geotechnik: Teil 1 Bodenmechanik*, Werner Verlag, Düsseldorf, 1998.

[MM36] M. Muskat und A. W. Meres, *The flow of heterogeneous fluid through porous media*, Physics **7** (1936) 346–363.

[Mor73] F. A. Morrison, *Transient multiphase multicomponent flow in porous media*, International Journal of Heat and Mass Transfer **16** (1973) 2331–2341.

[MS66] S. Murayama und T. Shibata, *Flow and stress relaxation of clays*, Kap. 1.10, 99–129, In J. Kravtchenko und P. M. Sirieys [KS66], 1966.

[MSAC97] G. Mesri, T. D. Stark, M. A. Ajlouni und C. S. Chen, *Secondary compression of peat with or without surcharging*, Journal of Geotechnical and Geoenvironmental Engineering, ASCE **123** (1997) 5, 411–421.

[Nic99] I. Nicolaou, *Fortschritte in Theorie und Praxis der Filterkuchenbildung und -entfeuchtung durch Gasdruckdifferenz*, VDI-Fortschritt-Berichte/3, VDI-Verlag, Düsseldorf, 1999.

[Nis92] M. Nishioka, *The associated molecular nature of bituminous coal*, Fuel **71** (1992) 941–948.

[NJ56] K. Neumann und H. Jacob, *Drucksetzungsversuche mit Weichbraunkohlen*, Zeitschrift für angewandte Geologie (1956) 7, 307–322.

[NKH+97] K. Norinaga, H. Kumagai, J. I. Hayashi, T. Chiba und M. Sasaki, *Type of water associated with coal*, Reprints of papers presented at the American Chemical Society / Division of Fuel Chemistry, 42, 1997, 238–243.

[NM80] R. H. Nilson und P. C. Montoya, *Experiments on transient condensing flow through a porous medium*, Journal of Heat Transfer **102** (1980) 489–494.

[NR80] R. H. Nilson und L. A. Romero, *Self-similar condensing flows in porous media*, International Journal of Heat and Mass Transfer **23** (1980) 1461–1470.

[ONG+97] J. I. Ozaki, Y. Nishiyama, P. J. Guy, G. J. Perry und D. J. Allardice, *Role of carboxyl groups in the disintegration of brown coal briquettes by water sorption*, Fuel Processing Technology **50** (1997) 57–68.

[PA70] G. Peschel und K. H. Adlfinger, *Viscosity anomalies in liquid surface zones*, Journal of Colloid and Interface Science **34** (1970) 4, 505–510.

[Paa67] R. E. Paaswell, *Temperature effects on clay soil consolidation*, Journal of the Soil Mechanics and Foundations Division, ASCE **93** (1967) SM3, 9–22.

[Piq94] J. Piquemal, *Saturated steam relative permeabilities of unconsolidated porous media*, Transport in Porous Media **17** (1994) 105–120.

[Ple94] J. P. du Plessis, *Analytical quantification of coefficients in the Ergun equation for fluid friction in a packed bed*, Transport in Porous Media **16** (1994) 189–207.

[RCBD91] M. S. Rollins, A. D. Cohen, A. M. Baily und J. R. Durig, *Organic chemical and petrographic changes induced by early -stage artificial coalification of peats*, Organic Geochemistry **17** (1991) 4, 451–465.

[RE58] R. Ree und H. Eyring, *The relaxation theory of transport phenomena*, Kap. 3, Band 2 aus F. R. Eurich [Eur58], 1958.

[Ros29] P. Rosin, *Die Fleißner-Trocknung lignitischer Braunkohlen*, Braunkohle **28** (1929) 648–658.

[Ros63] K. J. Rosengren, *Consolidation of some Victorian brown coals*, Proceedings of the Australasian Institute of Mining and Metallurgy **208** (1963) 157–193.

[RQ88] D. Readett und K. Quast, *Mechanical dewatering of south australian brown coals: Applications in inorganics characterisation*, Procceedings of the Australian Coal Science Conference 3, Adelaide, Nr. A2, 1988, 3.1–3.8.

[Ruy82] H. P. Ruyter, *Coalification model*, Fuel **61** (1982) 1182–1187.

[SAE74] P. D. Swann, D. J. Allardice und D. G. Evans, *Low temperature oxidation of brown coal. 1. changes in internal surface due to oxidation*, Fuel **53** (1974) 85–87.

[SB99] K. Strauß und C. Bergins, *Aufbereitung von Reststoffen und Biomasse mit dem MTE-Verfahren zur energetisch effizienten Verwertung in Energieanlagen*, VDI–Berichte **1495** (1999) 581–592.

[SBB+96] K. Strauß, S. Berger, C. Bergins, F. B. Bielfeldt, M. Erken und M. Hoffmann, *Mechanisch/Thermische Entwässerung als Vortrocknungsstufe für braunkohlegefeuerte Kraftwerke*, VDI–Berichte **1280** (1996) 165–173.

[SBB98a] K. Strauß, S. Berger und C. Bergins, *Mechanisch/Thermische Entwässerung von Rohkohle*, Abschlußbericht Forschungsprojekt BEO 0327031a, 1998.

[SBB98b] K. Strauß, S. Berger und C. Bergins, *Mechanismen bei der Thermischen und Mechanischen Entwässerung von Braunkohle*, VGB Tagungsband 233 A, 1998.

[SC85] A. E. Sáez und R. G. Carbonell, *Hydrodynamic parameters for gas-liquid cocurrent flow in packed beds*, AIChE Journal **31** (1985) 1, 52–62.

[Sch55] J. H. Schmertmann, *The undisturbed consolidation behaviour of clay*, Transactions of the American Society of Civil Engineers **120** (1955) 1201–1227.

[Sch72] H. N. S. Schafer, *Factors affecting the equilibrium moisture contents of low-rank coals*, Fuel **51** (1972) 4–9.

[Sch73] H. Schubert, *Kapillardruck und Zugfestigkeit von feuchten Haufwerken aus körnigen Stoffen*, Chemie Ingenieur Technik **45** (1973) 6, 396–401.

[Sch74] A. E. Scheidegger, *The physics of flow through porous media*, 3.. Aufl., University of Toronto Press, Toronto, 1974.

[Sch82] H. Schubert, *Kapillarität in porösen Feststoffsystemen*, Springer-Verlag, Berlin, 1982.

[SE67] R. Stewart und D. G. Evans, *The bonding of water to brown coal*, Fuel **46** (1967) 263–274.

[SLC66] R. L. Schiffman, C. C. Ladd und A. T. F. Chen, *The secondary consolidation of clay*, Kap. 3.2, 273–304, In J. Kravtchenko und P. M. Sirieys [KS66], 1966.

[SM87] T. Schulenberg und U. Müller, *An improved model for two-phase flow through beds of coarse particles*, International Journal of Multiphase Flow **13** (1987) 1, 87–97.

[SMI86] M. Shirato, T. Murase und M. Iwata, *Deliquoring by expression - theory and practice*, 181–287, In R. J. Wakeman [Wak86], 1986.

[SMIN86] M. Shirato, T. Murase, M. Iwata und S. Nakatsuka, *The Terzaghi-Voigt combined model for constant-pressure consolidation of filter cakes and homogeneous semi-solid materials*, Chemical Engineering Science **41** (1986) 12, 3213–3218.

[Str94] K. Strauß, *Verfahren und Vorrichtung zur Reduzierung des Wassergehaltes von kohlenstoffhaltigen Feststoffmaterialien*, Patentschrift DE 44 34 447 A1, 1994.

[Sug98] R. P. Suggate, *Analytical variation in Australian coals related to coal type and rank*, International Journal of Coal Geology **37** (1998) 179–206.

[SV90] M. Sözen und K. Vafai, *Analysis of the non-thermal equilibrium condensing flow of gas through a packed bed*, International Journal of Heat and Mass Transfer **33** (1990) 6, 1247–1261.

[TBR65] D. H. Trollope, E. T. Brown und K. J. Rosengren, *The mechanics of brown coal*, Géotechnique **15** (1965) 363–386.

[TD88] V. X. Tung und V. K. Dhir, *A hydrodynamic model for two-phase flow through porous media*, International Journal of Multiphase Flow **14** (1988) 1, 47–65.

[TGC93] N. K. Tutu, T. Ginsberg und J. C. Chen, *Interfacial drag for two-phase flow through high permeability porous beds*, Interfacial Transport Phenomena, ASME **23** (1993) 37–44.

[TGC97] N. Tanaka, J. Graham und T. Crilly, *Stress-strain behaviour of reconstituted illitic clay at different temperatures*, Engineering Geology **47** (1997) 339–350.

[TK82] W. Toufar und E. Klose, *Physikalische und wärmetechnische Grundlagen der Entwässerung von Braunkohle durch Druckdämpfung*, Freiberger Forschungshefte, A 666, VEB Deutscher Verlag für Grundstoffindustrie 1982, Leipzig, 1982.

[TK94] I. Towhata und P. Kuntiwattanakul, *Behavior of clays undergoing elevated temperature*, 13. International Conference on Soil Mechanics and Foundation Engineering, New Delhi, January 1994, 85–88.

[TNM88] T. Tsuruta, K. Narazaki und T. Masuoka, *Transient condensing two-phase flow through an initially subcooled porous medium*, JSME International Journal Series 2 **31** (1988) 1, 81–87.

[TP61] K. Terzaghi und R. B. Peck, *Die Bodenmechanik in der Baupraxis*, Springer-Verlag, Berlin, 1961.

[TS52] E. Terres und K. Schultze, *Beitrag zur Kenntnis des Ablaufs der physikalischen und chemischen Vorgänge bei der thermischen Behandlung von Rohtorfen*, Brennstoff–Chemie **33** (1952) 21/22, 353–384.

[Ves94] P. A. Vesilind, *The role of water in sludge dewatering*, Water Environmental Research **66** (1994) 1, 4–11.

[Vog98] E. A. Vogler, *Structure and reactivity of water at biomaterial surfaces*, Advances in Colloid and Interface Sciences **74** (1998) 67–117.

[VPTW84] A.K. Verma, K. Pruess, C.F. Tsang und P.A. Witherspoon, *A study of two-phase concurrent flow of steam and water in an unconsolidated porous medium*, Heat Transfer in Porous Media and Particulate Flows, ASME HTD **46** (1984) 135–143.

[VS90] K. Vafai und M. Sözen, *A comparative analysis of multiphase transport models in porous media*, Annual review of heat transfer **3** (1990) 145–162.

[Wah62] H. Wahls, *Analysis of primary and secondary consolidation*, Journal of the Soil Mechanics and Foundations Division, ASCE **88** (1962) SM6, 207–231.

[Wak86] R. J. Wakeman (Hrsg.), *Progress in filtration and separation*, 4, Elsevier, Amsterdam, 1986.

[WB36] R. D. Wyckoff und H. G. Botset, *The flow of gas-liquid mixtures through unconsolidated sands*, Physics **7** (1936) 325–345.

[WCD+00] W. Wagner, J. R. Cooper, A. Dittmann, J. Kijima, H. J. Kretschmar, A. Kruse, R. Mareš, K. Oguchi, H. Sato, I. Stöcker, O. Šifner, Y. Takaishi, Y. Tanishita, J. Trübenbach und T. Willkommen, *The IAPWS Industrial Formulation 1997 for the thermodynamic properties of water and steam*, Transactions of the ASME **122** (2000) 150–182.

[WHL98] C. C. Wu, C. Huang und D. J. Lee, *Bound water content and water binding strength on sludge flocs*, Water Research **32** (1998) 3, 900–904.

[WP00] Y. S. Wu und K. Pruess, *Integral solutions for transient fluid flow through a porous medium with pressure-dependent permeability*, International Journal of Rock Mechanics and Mining Science **37** (2000) 51–61.

[WSR91] F. Woskoboenko, W. O. Stacy und D. Raisbeck, *Physical structure and properties of brown coal*, Kap. 4, 151–246, In R. A. Durie [Dur91], 1991.

[ZK54] P. Zwittering und D. W. van Krevelen, *Chemical structure and properties of coal IV-Pore structure*, Fuel **33** (1954) 3, 331–337.

Lebenslauf

Persönliche Daten

Name	Christian Bergins
Anschrift	Auf der Heide 3 45711 Datteln
Geburtsdatum	12. Dezember 1969
Geburtsort	Recklinghausen
Familienstand	ledig
Staatsangehörigkeit	deutsch

Schulbildung

August 1976 – Juli 1980	Grundschule Datteln-Horneburg
August 1980 – Mai 1989	Theodor-Heuss-Gymnasium Waltrop Abschluß: Abitur

Grundwehrdienst

Juni 1989 – August 1990	in Delmenhorst

Studium

Oktober 1990 – Januar 1996	Universität Dortmund Studiengang: Chemietechnik Abschluß: Diplom-Ingenieur

Berufstätigkeit

seit Februar 1996	Wissenschaftlicher Angestellter Lehrstuhl Energieprozeßtechnik und Strömungsmechanik Fachbereich Chemietechnik, Universität Dortmund

Dortmund 2000